SAMMLUNG GÖSCHEN BAND 329

Agrikulturchemie

Von

Dr. Karl Scharrer

o. Professor und Direktor des Agrikulturchemischen Instituts
der Justus-Liebig-Hochschule (Universität) Gießen

I

Pflanzenernährung

Walter de Gruyter & Co.

vormals G. J. Göschen'sche Verlagshandlung · J. Guttentag, Verlagsbuchhandlung · Georg Reimer · Karl J. Trübner · Veit & Comp.

Berlin 1953

Archiv-Nr. 110329
Satz: Walter de Gruyter & Co., Berlin W 35
Druck: Buchkunst, Berlin W 35
Printed in Germany

Inhalt

Einleitung

Das Stoffgebiet der Agrikulturchemie umfaßt ihrer historischen Entwicklung nach die Pflanzenernährungslehre und die Tierernährungslehre. In diesem Bändchen soll die Pflanzenernährungslehre in ihren Grundzügen dargestellt werden, wobei darauf hingewiesen werden muß, daß selbst eine gedrängte Wiedergabe auch nur der Grundlinien dieser Wissenschaft auf so engem Raum gewisse Schwierigkeiten bietet. Andererseits ist heute die Pflanzenernährungslehre und Agrikulturchemie nicht nur für die Landwirtschaft, den Gartenbau und die Forstwirtschaft von erheblicher Bedeutung — die hohen Ernteerträge in der modernen Landwirtschaft sind zu einem überwiegenden Anteil auf verbesserte Pflanzenernährung zurückzuführen —, sondern eine vollwertige Ernährung von Tier und Mensch ist nur zu erzielen, wenn die pflanzliche Ernährung optimal verläuft. Demzufolge ist die Kenntnis der Grundzüge der Pflanzenernährungslehre nicht nur für den fortschrittlichen Landwirt, Gärtner und Forstwirt, sondern auch für den Chemiker, Botaniker, Human- und Veterinärmediziner und alle anderen Disziplinen, die irgendwie mit Ernährung zu tun haben, von großer Wichtigkeit.

I. Die Zusammensetzung der Pflanze

Eine Analyse der pflanzlichen Substanz lehrt, daß weit aus der Hauptbestandteil des ursprünglichen Pflanzenkörpers das Wasser ist, wie aus einigen Analysenzahlen hervorgeht:

Blätter, Stengel, Gras	75—90%	des Frischgewichtes
Kartoffelknollen	75%	des Frischgewichtes
Wurzeln der Runkelrüben	88—90%	des Frischgewichtes
Wurzeln der Zuckerrüben	75—80%	des Frischgewichtes
Obst, Wein, Erdbeeren	80—85%	des Frischgewichtes
Kürbis, Gurken	85—95%	des Frischgewichtes
Getreidekörner, Leguminosensamen	12—15%	des Frischgewichtes
Rapssamen, Leinsamen	8—10%	des Frischgewichtes

Am wasserreichsten sind somit junge Pflanzenorgane, während bei zunehmendem Alter der Pflanze der Wassergehalt normalerweise abnimmt, z. B. bei Getreidepflanzen von 90% Wasser im Jugendstadium bis zu 40% im geernteten Stroh. Alle Pflanzenorgane enthalten Wasser, die lebende Zelle hauptsächlich im Zellsaft. Quellungswasser ist ferner im Protoplasma vorhanden. Selbst die Zellen der Gerüstsubstanzen enthalten — wenn auch geringe Mengen — Wasser.

Die Trockensubstanz des pflanzlichen Organismus besteht der Hauptsache nach aus organischen Stoffen, zum geringeren Teil aus Mineralsubstanzen. Da diese bei Verbrennung der Pflanze zurückbleiben, spricht man auch von Pflanzenasche. Eine kleine Übersicht über den Gehalt einiger Pflanzen an Asche zeigt, daß die aschenreichsten Organe fast immer die Blätter sind, dagegen die Früchte und Samen wenig Mineralstoffe enthalten. Umgekehrt wie beim Wassergehalt steigt der Mineralstoffgehalt gewöhnlich mit zunehmendem Alter an. Allerdings wird der Mineralstoffgehalt der Pflanze wesentlich durch denjenigen des Bodens beeinflußt, daher auch durch Düngung erhöht.

Getreidekörner . .	1,6– 4,3%	des Trockengewichtes
Samen von Erbsen	1,6– 4,3%	des Trockengewichtes
Kartoffelknollen	2,2– 5,8%	des Trockengewichtes
Zuckerrübenwurzeln	2,0– 6,6%	des Trockengewichtes
Futterrübenwurzeln	4,4–14,1%	des Trockengewichtes
Getreidestroh	3,0–13,0%	des Trockengewichtes
Blätter von Tabak	8,5–23,0%	des Trockengewichtes
Zuckerrübenblätter	8,3–29,2%	des Trockengewichtes
Futterrübenblätter	11,1–21,0%	des Trockengewichtes

Wie aus der Tabelle hervorgeht, schwankt der Aschengehalt auch ein und desselben Organs außerordentlich. Neben lebensunwichtigen Bestandteilen enthält sie wichtige Pflanzennährstoffe, besonders Calcium, Kalium und Phosphorsäure.

Die organische Substanz[1]) umfaßt vor allem die Kohlenhydrate, Fette, Eiweißkörper, in geringerem Ausmaße organische Säuren, Glykoside, Alkaloide, Vitamine, Senföle, Lauchöle, Gerbstoffe, Phytohormone, Terpene. Weitaus die wichtigsten dieser organischen Pflanzenstoffe und auch der Menge nach am stärksten vertreten sind die Kohlenhydrate, Fette mit ihren Begleitern, den sogenannten Lipoiden (wie Phosphatide, Sterine, Wachse, Carotinoide) und die Eiweißstoffe mit ihren Abbauprodukten, den Aminosäuren und Säureamiden.

II. Die Ernährung der höheren Pflanze

1. Allgemeines

In seinen „Grundsätzen der rationellen Landwirtschaft" hat Albrecht Thaer im Jahre 1809 die sogenannte Humustheorie aufgestellt, die im wesentlichen besagt, daß die Pflanze ihre Nahrung den Humusstoffen des Bodens entnimmt. Der wahre Sachverhalt, daß nämlich die höhere Kulturpflanze imstande ist, ihren Nährstoffbedarf aus anorganischen Stoffen zu decken, wurde von den verschiedensten Forschern wie Boussingault,

[1]) Bezüglich einer genaueren Beschreibung dieser Stoffe sei verwiesen auf K. Scharrer. Einführung in die anorganische Chemie. A. Lutzeyer, Frankfurt a. M. 1949. K. Scharrer: Einführung in die organische Chemie. A. Lutzeyer, Frankfurt a. M. 1950, ferner K. Scharrer: Die biochemischen Grundlagen der Tierernährungslehre. Verlag F. Enke, Stuttgart, 1950.

Sennebier, Saussure, Rückert, Sprengel aufgeklärt und von Wiegmann und Polstorff exakt bewiesen.

Erst dem genialen Chemiker Justus v. Liebig gelang es aber, diese wissenschaftlichen Erkenntnisse in weitreichender Intuition zusammenzufassen und damit den Grundriß unseres heutigen Gebäudes der Pflanzenernährungslehre zu legen. In seinem im Jahre 1840 erschienenen Buch „Die organische Chemie in ihrer Anwendung auf Agrikultur und Physiologie", kurz „Agrikulturchemie" genannt, hat er gezeigt, daß die grüne chlorophyllführende Pflanze lediglich von anorganischen Substanzen zu leben vermag; im wesentlichen hat er schon damals jene zehn Elemente angegeben, von denen wir heute wissen, daß sie die Hauptnährstoffe (Makroelemente) des Pflanzenlebens darstellen. Erst in neuester Zeit hat man erkannt, daß außer diesen zehn klassischen Nährstoffen noch eine Reihe von Elementen für eine gedeihliche Entwicklung der Pflanze nötig ist, von denen aber jeweilig nur ganz geringe Mengen genügen, weshalb man diese Stoffe auch Spurenelemente oder Spurennährstoffe (Mikronährstoffe) oder Hochleistungselemente zu nennen pflegt. Wir wissen heute, daß dazu mindestens Bor, Kupfer, Mangan, Zink, Molybdän gehören. Die zehn Hauptelemente sind Kohlenstoff, Wasserstoff, Sauerstoff, Stickstoff, Schwefel, Phosphor, Eisen, Calcium, Magnesium und Kalium. Weitere Elemente sind zwar nicht unbedingt lebensnotwendig, aber manchmal für das Wachstum vorteilhaft, wie Chlor, Natrium, Silicium. Von den Hauptelementen wird Kohlenstoff als Kohlendioxyd aus der Atmosphäre bei der Kohlensäureassimilation durch die Blätter der grünen Pflanze, Wasserstoff als Wasser hauptsächlich in flüssigem Zustand durch die Wurzeln aus dem Boden, Sauerstoff entweder in Form von Wasser oder Kohlendioxyd, bzw. für die Atmung unmittelbar als elementarer Sauerstoff aus der Atmosphäre aufgenommen. Die übrigen Elemente entnimmt die Pflanze aus dem Boden in Form von Ionen, wobei meist die jeweilig höchst oxydierte Verbindung diesen Ionen zugrunde liegt, mit Ausnahme von Stickstoff, bei welchem Element die höchstreduzierte Form NH_4^+ neben der höchstoxydierten NO_3^- aufgenommen werden kann.

2. Photosynthese (Kohlensäureassimilation)

Die Photosynthese ist ein Vorgang, dem wegen seiner Wichtigkeit nicht nur in der Pflanzenernährung eine grundlegende Bedeutung zukommt, sondern der weit darüber hinaus überhaupt als Grundlage bzw. Voraussetzung alles Lebens betrachtet werden muß. Unter den biochemischen Prozessen steht sie deshalb durchaus an erster Stelle und ohne sie wäre jedes höhere Leben undenkbar. Mittels der Photosynthese ist die grüne, also chlorophyllführende Pflanze imstande, aus den einfachsten chemischen Verbindungen, nämlich Kohlendioxyd und Wasser, äußerst komplizierte und im Rahmen der chemischen Systematik hochstehende Substanzen aufzubauen und daraus im Verein mit noch einigen einfachen Körpern jene Fülle von Stoffen zu erzeugen, die die pflanzlichen Organismen in unseren Augen als die beste chemische Fabrik erscheinen lassen. Dabei ist noch von Wichtigkeit, daß das Kohlendioxyd ein Schlackenstoff ist, nämlich das Produkt der Endoxydation (Atmung) aller Lebewesen; nur dadurch, daß die grüne Pflanze es im Rahmen der Photosynthese verarbeitet, wird eine einseitige Anreicherung der atmosphärischen Luft mit dieser die Atmung unterdrückenden Substanz und damit die Vernichtung alles Lebens verhindert. Aber noch wunderbarer muß uns die von der grünen Pflanze bei der Photosynthese vollbrachte Leistung dann erscheinen, wenn wir sie vom energetischen Standpunkt betrachten. Aus zwei hochoxydierten, somit energetisch völlig wertlosen Substanzen, nämlich dem Kohlendioxyd und dem Wasser, die normalerweise für den Energiehaushalt absolut bedeutungslos sind, erzeugt die höhere Pflanze durch entsprechende Verwertung der Sonnenenergie mittels des Chlorophylls energiereiche Stoffe, die den Organismen bei ihren Lebensprozessen als Energieträger zur Verfügung stehen. Es wird somit dabei eine Energiespeicherung (bzw. ein Potentialhub) wie bei keiner anderen biochemischen Umsetzung vollbracht. Die Photosynthese liefert daher nicht nur der Pflanze, sondern auch Tier und Mensch sowohl Bausteine wie auch Energieträger. Sie ist somit ein energieverbrauchender oder endothermer Vorgang und steht deshalb in diametralem Gegensatz zum exothermen Prozeß der Dissimilation (Atmung). Während letztere Reaktion einen Oxydationsprozeß darstellt, ist die Photosynthese ein Reduktionsprozeß von gigantischem Ausmaße. Pflanzen, die imstande sind, die Photosynthese durchzuführen, heißen autotrophe, im Gegensatz zu den heterotrophen, die auf die Verwendung bereits vorhandener organischer Stoffe angewiesen sind. Entwicklungsgeschichtlich ist wohl anzunehmen, daß infolge der Kompliziertheit der Voraussetzungen zum Ablauf der photochemischen Synthese — man denke nur an den verwickelten Bau des Chlorophylls — diese nicht die ursprüngliche Form der Kohlenstoffassimilation war. Tatsächlich gibt es viele Mikroorganismen, die völlig chlorophyllos sind und trotzdem autotrophe Ernährungsverhältnisse zeigen. Sie gewinnen die zur Reduktion von Kohlendioxyd nötige Energie nicht durch Transformation der Lichtenergie in chemische Energie mittels Photo-Sensibilisatoren, somit irgendwelcher Farbstoffe, sondern durch Oxydationsvorgänge; diese als Chemosynthese bezeichnete Reaktion ist z. B. bei nitrit- und nitratbildenden Bakterien, bei Schwefel- und Eisenbakterien zu finden. Während aber durch die Photosynthese Energie aus dem Weltraum gewonnen werden kann, ist dies naturgemäß bei der Chemosynthese nicht der Fall.

Die autotrophen Pflanzen sind dadurch gekennzeichnet, daß sie ein besonderes Assimilationssystem aufweisen; es ist in bestimmten Elementen (Plastiden) besonderer Zellen, den sogenannten Chloroplasten lokalisiert. Neben Proteinen und Lipoiden sind in diesem System gewisse Farbstoffe vorhanden, und zwar solche von Lipochromnatur (Carotin und Xanthophyll) und magnesiumhaltige Pyrrolfarbstoffe, das sogenannte Rohchlorophyll. Diese Farbstoffe wirken als Photo-Sensibilisatoren, d. h. die Lichtstrahlen werden durch das Chlorophyllsystem absorbiert und danach auf das zu reduzierende Kohlendioxyd übertragen. Durch das grüne Chlorophyllsystem werden in erster Linie die roten Strahlen absorbiert. Die Photosynthese erfolgt jedoch nicht durch das Chlorophyll als reinem chemischen Körper, was dadurch am besten bewiesen werden kann, daß bereits zerriebene Blätter mit zerstörter Zellstruktur versagen. Der Vorgang ist an die Gegenwart lebender Chloroplasten gebunden; es handelt sich somit um bestimmte Strukturkatalysen an besonderen Oberflächen.

Summarisch kann der Prozeß der Photosynthese durch folgende Gleichung wiedergegeben werden:

$$6\,CO_2 + 6\,H_2O = C_6H_{12}O_6 + 6O_2 - 674\ \text{Cal.}$$

Würde sich der Prozeß nach der angegebenen Gleichung abspielen, so müßte der sogenannte Assimilationsquotient, nämlich das Verhältnis von aufgenommenem Kohlendioxyd zu abgegebenem Sauerstoff in Molen gleich 1 sein:

$$\frac{CO_2}{O_2} = 1 = \text{assimilatorischer Quotient.}$$

Willstätter und Stoll haben nun tatsächlich bewiesen daß dieses Verhältnis immer gleich 1 ist.

Die Photosynthese besteht zweifellos aus mindestens zwei Teilprozessen, nämlich aus einem von der Temperatur unabhängigen photochemischen Vorgang, der überaus schnell verläuft, und aus einer temperaturempfindlichen, rein chemischen Dunkelreaktion die auch Blackmansche Reaktion genannt wird. Es dürfte sich bei letztgenanntem Vorgang um eine durch ein strukturgebundenes Enzym hervorgerufene Eisenkatalyse handeln, zu deren Ablauf allerdings nur das vitale Protoplasma befähigt ist. Daß sich hierbei eine Eisenkatalyse abspielt, wird durch Hemmung dieser Vorgänge mittels Blausäure bewiesen. Daß der ersten photochemischen Reaktion ein zweiter, rein chemischer Vorgang folgt, der ebenso gut im Dunkeln wie im Licht verläuft, schloß man aus der Tatsache, daß bei intermittierender Beleuchtung gegenüber der Dauerbeleuchtung mit gleicher Stärke die Assimilationsleistung nicht vermindert wird, falls die Intervalle kurz genug sind. Das maximale Beleuchtungsintervall, wodurch eben noch keine Assimilationssenkung entsteht, entspricht der Reaktionszeit dieser Blackmanschen Reaktion; ihre Dauer beträgt bei 25 Grad C 0,02 Sekunden.

Unsere Vorstellungen über den Chemismus der Photosynthese haben sich in den letzten Jahren durch neuere Arbeiten gegenüber früher wesentlich geändert. Während man noch bis vor kurzem annahm, daß Formaldehyd als Zwischenprodukt dieses Prozesses entstände und daß Formaldehyd anschließend zu einer Hexose polymerisiert wird, haben die neueren Untersuchungen bewiesen, daß die Formaldehydhypothese nicht mehr haltbar ist. Heute vertritt man die Ansicht, daß als primäre Reaktion das Kohlendioxyd an einen unbekannten Acceptor zu einer hochmolekularen Carbonsäure in einer Dunkelreaktion gebunden wird. Diese Carbonsäure wird dann in einer photochemischen Reaktion in mehreren Zwischenstufen durch einen Wasserstoffdonator reduziert. Als wichtigste Tatsache hat sich ergeben, daß der bei der Photosynthese gebildete Sauerstoff letzten Endes nicht, wie man bisher annahm, aus dem CO_2 stammt, sondern aus dem in die Reaktion eingegangenen Wasser. Die bei der Reduktion der Carbonsäure durch einen Wasserstoffdonator gebildeten alkoholischen Gruppen werden schließlich zu Hexosen umgewandelt bzw. polymerisiert.

Für den Prozeß der Kohlensäureassimilation ist eine Reihe von Faktoren sehr wesentlich. Ein grundlegender Faktor ist die Anwesenheit von Kohlendioxyd. Diese Substanz wird von den Pflanzen der Atmosphäre entnommen, in welcher etwa 0,03% CO_2 normalerweise enthalten sind. In früheren geologischen Epochen der Erde scheint die Atmosphäre viel reicher an Kohlendioxyd als heute gewesen zu sein, weshalb auch das Pflanzenwachstum viel üppiger war. Enorme Kohlendioxydmengen wurden in der Zwischenzeit bei dem Prozeß der Verwitterung der Urgesteine und ihrer Umwandlung in Sedimentgesteine verbraucht. Da dieser Prozeß naturgemäß noch anhält, besteht die Gefahr, daß im Laufe der Zeit das Leben auf der Erde infolge Kohlensäuremangels zugrunde gehen wird.

Infolge der Erzeugung von Bodenkohlensäure durch die Mikroorganismen, der sogenannten bodenbürtigen Kohlensäure, ist der Kohlendioxydgehalt der Luft in Bodennähe höher als in größerer Entfernung. Da das Kohlendioxydgefälle von der Bodenoberfläche zu den assimilierenden Blättern bei weitem größer als das von den Blättern zur freien Atmosphäre ist, wird mithin der Kohlendioxyd-Diffusionsstrom vom Boden zu den Blättern viel lebhafter sein als von der freien Atmosphäre aus. Hauptsächlich ist daher die Assimilation auf die Bodenkohlensäure angewiesen, bzw. die bodenbürtige Kohlensäure wird in erster Linie von den Blättern aufgenommen werden und nur in geringem Maße in die freie Atmosphäre gelangen. Da bei starker Kohlenstoffassimilation der Kohlendioxydgehalt der Luft verringert wird, ist es verständlich, daß er über vegetationsbedeckten Böden während des Tages geringer als während der Nacht ist; vielfach wird während der Stunden der stärksten Sonneneinstrahlung das Kohlendioxyd ins Minimum kommen. Nach den Messungen von Lundegårdh werden durch ein Getreidefeld infolge der Kohlensäureassimilation je Hektar und Stunde 14,9 kg CO_2 verbraucht. Da aber eine Luftschicht von 1 m Höhe und ein Hektar Grundfläche nur 5,5 kg CO_2 aufweist, wird ein Getreidefeld bereits nach einer Drittelstunde die in 1 Meter Luftschicht enthaltene Kohlensäure restlos verbraucht haben. Wesentlich ist, daß für weitere Zufuhr von Kohlendioxyd die Strömungen in der Luft sorgen und daß vor allem die bodenbürtige Kohlensäure einen wichtigen Ergänzungsfaktor darstellt.

Die Pflanzen beziehen somit in erster Linie ihre Kohlensäure aus der Bodenschicht der Atmosphäre. Ihre Wachstumsintensität wird somit durch den Kohlensäurekreislauf vom Boden zur Pflanze beherrscht, während der Kohlensäuregehalt der Atmosphäre im Verhältnis dazu nur eine Kohlensäurequelle zweiten Ranges darstellt, die wegen ihrer Abhängigkeit von den Strömungen in der Atmosphäre stark wechselt, und aus der nur in dem Maße geschöpft wird, wie der engere Kreislauf nicht ausreicht. Daraus geht schon hervor, daß eine Erhöhung des Faktors „bodenbürtige Kohlensäure" eine wesentliche Vergrößerung der Kohlenstoffassimilation ergeben wird, und alle Bestrebungen sind daher für die Pflanzenproduktion von größter Wichtigkeit, welche die Bodenatmung erhöhen. Hierher gehören unter den Verhältnissen der praktischen Landwirtschaft vor allem die ackerbaulichen Methoden zur Bearbeitung des Bodens, die eine wesentliche Erhöhung der bodenbürtigen Kohlensäure zur Folge haben. Da der normale Kohlendioxydgehalt der Luft meist den begrenzenden

Faktor der Kohlenstoffassimilation darstellt, ergibt eine Erhöhung dieses Gehalts im allgemeinen eine wesentliche Steigerung der Assimilationsleistung. Der Gedanke war daher naheliegend, durch Erhöhung des Kohlendioxydgehaltes der Luft die Ernteerträge zu steigern (Kohlensäuredüngung). Wirtschaftlich ist dieses aber wohl nur für gärtnerische Kulturpflanzen im Gewächshaus durchzuführen, falls die Kohlensäure aus Abgasen von Hochöfen oder sonstigen Industrien leicht zur Verfügung steht. Im Freiland wird selbstverständlich eine Anreicherung der Atmosphäre an Kohlendioxyd sehr problematisch und unrentabel sein. Doch ist jede Zufuhr von Nährhumus, also jede Stallmist- und Gründüngung, eine ständig und nachhaltig fließende Kohlensäurequelle, besonders wenn die Düngung zu breitblätterigen Pflanzen mit gutem Bodenschluß erfolgt, wodurch die Möglichkeit besteht, daß in der Nähe der Pflanzen die Konzentration an Kohlendioxyd angereichert wird. In diesem Zusammenhang ist die Tatsache bemerkenswert, daß alle Stallmist benötigenden Pflanzen sehr blattreich sind und den Boden mit ihren Blättern ziemlich bedecken, wodurch das aufsteigende Kohlendioxyd abgefangen wird. Dagegen scheint das Bedürfnis blattarmer Pflanzen, wie Möhren und Zwiebeln, nach Stallmist weniger groß zu sein. Eine Stallmistgabe von 300 dz/ha erzeugt bei vollständiger Zersetzung etwa 100 dz CO_2.

Wie schon erwähnt, besteht das sogenannte Rohchlorophyll, der grüne Blattfarbstoff, aus zwei Chlorophyllfarbstoffen, ferner aus Carotin und Xanthophyll. Beide Modifikationen des Chlorophylls sind magnesiumhaltig und enthalten zwei Carboxylgruppen, die verestert sind, und zwar die eine Carboxylgruppe durch Methylalkohol, die zweite durch den ungesättigten Alkohol Phytol ($C_{20}H_{39}OH$), der eine Äthylenbindung aufweist. Durch Alkalien werden daher aus beiden Modifikationen die Alkohole Phytol und Methylalkohol abgespalten. Wird das Chlorophyll mit Säuren behandelt, so wird das Magnesium herausgenommen, und an seinen Platz treten zwei Wasserstoff-Atome; die entstehende Substanz heißt Phäophytin ($C_{55}H_{74}O_5N_4$); beim weiteren Abbau dieser Verbindung entstehen schließlich sogenannte Porphyrine, das sind metallfreie, aus vier Pyrrolringen und vier Methingruppen bestehende Ringsysteme, die das Skelett des Chlorophylls (und des verwandten Blutfarbstoffes Hämin) aufbauen. Die Kenntnis über den Aufbau des Chlorophylls ist jetzt auf Grund der Arbeiten von Hans Fischer so gut wie gesichert. Wie schon erwähnt, besteht das Chlorophyll aus zwei Komponenten a und b. Das Chlorophyll b ist höher oxydiert als a, enthält ein Atom Sauerstoff mehr und zwei Atome Wasserstoff weniger und läßt sich durch Reduktion wieder in a überführen. Das Chlorophyll a ist von dunkelgrüner Farbe und es kommt ihm die Summenformel $C_{55}H_{72}O_5N_4Mg$ zu; das Chlorophyll b ist gelbgrün und hat die Zusammensetzung $C_{55}H_{70}O_6N_4Mg$. Die beiden Chlorophyllmodifikationen a und b kommen nach den Feststellungen von Willstätter und Stoll im konstanten Molekularverhältnis 3:1 vor; allerdings zeigte vor kurzem Seybold, daß dieses Verhältnis nicht immer zutreffend ist, daß aber ökologische Pflanzengruppen hinsichtlich der Verteilung der einzelnen Blattpigmente in ihren Farbquotienten ein übereinstimmendes und ihnen eigentümliches Verhalten aufweisen. Der ungesättigte Alkohol Phytol ist ein Isoprenderivat.

Das Carotin ($C_{40}H_{56}$) ist ein ungesättigter Kohlenwasserstoff, der zur Gruppe der Carotinoidfarbstoffe gehört. Das Blattxanthophyll oder Lutein ($C_{40}H_{56}O_2$) ist ein Dioxycarotin.

Von den physikalischen Eigenschaften des Chlorophylls sind besonders die Absorptionsspektren wichtig. Vor allem rotes und blaues Licht werden vom Chlorophyll stark absorbiert; dagegen tritt das grüne Licht unabsorbiert durch, was die grüne Farbe des Chlorophylls bewirkt. Ferner vermag es kurzwelliges blaues in langwelliges rotes überzuführen, was die Rotfluoreszenz des Chlorophylls bedingt. In den grünen Pflanzen kommt ein Enzym, die Chlorophyllase vor, die das native Chlorophyll in Chlorophyllin und Phytol aufspaltet.

Es liegt in der Natur der Kohlenstoffassimilation als einer photochemischen Synthese, daß sie stark vom Licht abhängig ist und bei Verdunkelung aussetzt. Eine Steigerung der Lichtstärke ruft eine umso erheblichere Steigerung der Assimilationsintensität hervor, je mehr das Licht im Minimum ist.

Man versteht unter dem Kompensationspunkt jene Lichtintensität, bei der Atmung und Assimilation im Gleichgewicht stehen. Da eine Pflanze nur zu gedeihen vermag, falls die Assimilation größer als die Dissimilation ist, stellt der sogenannte Kompensationspunkt für jede Pflanze eine wichtige Größe dar. Von den verschiedenen Wellenlängen des Lichtes ist für die Kohlensäureassimilation besonders grün und rot von größter Bedeutung. Nach Schröder wird von der gesamten einstrahlenden Energie bei der Assimilation nur etwa 1/8000 verbraucht. Letzten Endes wird daher die von der Sonne in enormer Menge gebotene Energie von den Kulturpflanzen sehr unterschiedlich und gering verwertet. Während die Kartoffel- und insbesondere die Zuckerrübenpflanze die Sonnenenergie etwa zu 0,5—0,75% auszunutzen vermag, ist dies bei den Getreidearten nur etwa zu 0,2% der Fall. Inwieweit es der Pflanzenzüchtung gelingen wird, die Ausnutzung des Sonnenlichtes durch Züchtungsmaßnahmen zu erhöhen, muß der Zukunft überlassen werden.

Wie aus der Reaktionsgleichung der Kohlenstoffassimililation hervorgeht, ist das Wasser schon als chemisches Agens notwendig für diesen Prozeß. Deshalb wird nur bei Anwesenheit genügender Mengen Wasser, somit bei guter Wasserversorgung, eine optimale Kohlenstoffassimililation zustande kommen können. Das Wasser ist aber nicht nur ein wichtiges chemisches Agens bei diesem Prozeß, sondern ebenso als Transportmittel und für den Umsatz der gebildeten Assimilate von Bedeutung.

Der Verlauf der Temperaturkurve der Assimilation wird stark von der Intensität des Lichtes und der Kohlendioxydkonzentration der Luft beeinflußt. Viele Pflanzen haben ein Normaloptimum der Assimilation bei 15—20 Grad. Manche Kulturpflanzen zeigen mehrere Optima der Temperatur, z. B. Kartoffeln bei 8—9 Grad, 18—20 Grad, 30—31 Grad; Zuckerrüben bei 10—12 Grad, 19—20 Grad und 36 Grad. Da bei der Zuckerrübe noch bei niederen Temperaturen eine deutliche Kohlenstoffassimilation zu beobachten ist, kann man, wie aus der Praxis bekannt, bei dieser Kulturpflanze noch im späten Herbst erhebliche Trockengewichtszunahmen feststellen.

Im allgemeinen kann aus experimentellen Befunden gefolgert werden, daß für die Photosynthese hohe Temperatur und Lichtstärke vorteilhaft sind.

Selbstverständlich ist der optimale Ablauf der Photosynthese vom Ernährungszustand der Pflanze abhängig. Sind wesentliche Nährstoffe im Minimum, so wird auch die Kohlenstoffassimilation nicht in normaler Weise zu funktionieren vermögen. Bei Zugabe der im Minimum befindlichen Nährstoffe wird daher mit einem Ansteigen der Photosynthese zu rechnen sein. Besonders deutlich reagiert die Pflanze auf die Nährstoffe Stickstoff und Kalium. Auf dem Gebiete der Zusammenhänge von Kohlenstoffassimilation und Mineralsalzernährung harren noch viele Probleme ihrer Lösung. In diesem Zusammenhang ist von Interesse, daß E. Hiltner auf Grund des von ihm aufgestellten Kohlensäure-Mineralstoffgesetzes die Manganwirkung bei der Dörrfleckenkrankheit des Hafers mit der Annahme einer Erhöhung der Kohlenstoffassimilation der Pflanze durch dieses Element erklärt. Schmalfuß lehnt mit Recht Beziehungen des Kaliums sowohl zur Kohlenhydrat- wie auch zur Eiweißsynthese ab und erblickt seine Bedeutung durchaus in kolloidchemischen Eigenschaften.

Die Stärke der Photosynthese wird auch durch das Alter der Pflanze bedingt. Im allgemeinen steigt sie beim Wachstum des Blattes an und nimmt mit dessen zunehmendem Alter wieder ab. Ferner wird die Intensität der Assimilation durch den mehr oder minder raschen Abtransport der Assimilate beeinflußt. Gewisse Pflanzen, wie die Kartoffeln, leiten die Assimilate verhältnismäßig langsam bzw. selten ab, andere sorgen sofort nach ihrer Bildung für den Abtransport, wie z. B. die Senfpflanze.

Was die Menge des Chlorophylls anbelangt, so ist im großen und ganzen zwar die Chlorophyllmenge von einem gewissen Einfluß auf die Assimilationsintensität; in den meisten Fällen aber werden andere Faktoren ins Minimum kommen.

3. Wasser als Nährstoff

Schon aus der Zusammensetzung der Pflanze geht hervor, daß das Wasser weitaus der Hauptbestandteil der lebenden Pflanze ist; demgemäß sind daher auch seine Aufgaben in der Pflanze von größter Bedeutung. Es dient als Lösungsmittel für die Nährstoffe, als Quellungswasser für die Kolloide der Zelle, als chemisches Agens bei den verschiedensten Stoffumwandlungen, insbesondere bei der Photosynthese. Die Aufnahme des Wassers erfolgt größtenteils durch das Wurzelsystem aus dem Boden und zwar durch die Wurzelhaare auf osmotischem Wege. Dabei ist wesentlich, daß in der Pflanze durch fortwährenden Wasserverbrauch der oberirdischen Organe ein Saugkraftgefälle entsteht, wobei meist die Wurzelzellen Saugkräfte von 5—15 atm entwickeln. Die einzelnen Pflanzen zeigen jedoch je nach ihren Lebensbedingungen verschieden hohe Saugkräfte, die niederen meist einen höheren Wurzeldruck als die höheren Pflanzen. Pflanzen der Wüste, überhaupt solche trockener, salzreicher Gebiete, ebenso jene mit kurzer Vegetationsdauer bzw. jene die einer raschen Änderung ihres Feuchtigkeitsgehaltes ausgesetzt sind, besitzen sehr hohe Wurzelsaugkräfte, wie aus folgender Übersicht von Vageler hervorgeht:

Schimmelpilze und Steinalgen	bis 158 atm
Wüstenpflanzen	17 bis 100 atm
Meerespflanzen	15 bis 50 atm
Kulturpflanzen: nordische Pflanzen	9 atm
Kulturpflanzen aus dem Mittelmeergebiet	10 atm
Kulturpflanzen aus Ägypten	14 atm
Kulturpflanzen aus Westasien	20 atm

Die Getreidearten haben einen Wurzelsaugdruck von etwa 10 atm, die Leguminosen einen etwas höheren, wobei aber hervorzuheben ist, daß eine Konstanz dieser Saugkräfte nicht besteht, sondern die Zusammensetzung der Bodenlösung hierfür von wesentlichem Einfluß ist. Wir müssen uns die Wasseraufnahme der Pflanze als das Ergebnis eines Kampfes zwischen den Saugkräften der Kolloide der Pflanze mit den Kolloiden des Bodens vorstellen, wobei wir es auf beiden Seiten mit dynamischen Systemen zu tun haben, so daß in Wirklichkeit die Wasseraufnahme der Pflanze von den verschiedensten Faktoren abhängt und einen höchst verwickelten Vorgang darstellt. Ferner ist zu betonen, daß nur jener Teil des Bodenwassers von der Pflanze aufgenommen wird, den die Kolloide des Bodens mit geringeren Saugkräften festhalten, als den Saugkräften der Wurzeln entspricht. Da das sogenannte Schwarmwasser des Bodens von den Pflanzen nicht verwendet werden kann, ist im wesentlichen nur das Kapillarwasser des Bodens ausnutzbar. Man wird daher alle Maßnahmen treffen, um den Anteil des Schwarmwassers möglichst zu verkleinern und den des Kapillarwassers im Boden zu vergrößern, hauptsächlich durch Erzielung und Erhaltung einer vorteilhaften Krümelstruktur des Bodens.

Für das volle Verständnis des Wasserhaushaltes der Pflanze ist nun die Tatsache wichtig, daß nur 2% des insgesamt von der Pflanze aufgenommenen Wassers als Lösungsmittel, Quellungswasser und für den Baustoffwechsel dienen, während 98% durch die Transpiration als Wasserdampf wieder ausgeschieden werden. Dadurch ermöglicht es die Pflanze, die aus dem Boden aufgenommenen Nährstoffe dorthin zu verlagern, wo sie gebraucht werden, und sich durch die Wasserverdunstung vor einer lebensbedrohenden, zu starken Erwärmung zu schützen. Die Transpiration, worunter man die Abgabe von Wasser in Dampfform durch die Pflanze versteht, erfolgt durch die Spaltöffnungen (Stomata) der Blätter, wobei Anzahl, Größe, Verteilung und Öffnungszustand das Ausmaß der Transpiration regeln. Es gibt physikalische und physiologische Faktoren, die von wesentlichem Einfluß auf die Transpiration sind. Zu den physikalischen Faktoren gehört in erster Linie die Wasserdampfspannung der Luft. Die Menge Wasserdampf, welche die Luft je Volum Einheit bis zur restlosen Sättigung aufnehmen kann, ist eine Funktion der Temperatur in der Weise, daß bei höherer Temperatur mehr zur Aufnahme gelangt. Meist wird aber die Höchstsättigung nicht erreicht sein, was zur Folge hat, daß, je höher das Sättigungsdefizit ist, desto mehr Wasserdampf aufgenommen werden kann, was praktisch eine wesentliche Steigerung der Transpiration bedingt.

Aber auch die Spaltöffnungen können in ihrer Öffnungsweite verändert werden, was auf physiologischem Wege möglich ist. Nicht nur Licht, Wasserversorgung und Temperatur beeinflussen die Öffnungsweiten der Spaltöffnungen, sondern auch ernährungsphysiologische Vorgänge. Die Transpiration wird weitestgehend durch die Einwirkung der einzelnen Ionen verändert; die hydrophilen oder quellenden Ionen, wie Kalium, Natrium, Chlor, Nitrat drücken die Transpiration herab und erhöhen die Wasseraufnahme; die hydrophoben, entquellenden Ionen, wie Calcium und Sulfat, steigern dagegen die Transpiration und erniedrigen die Wasseraufnahme. In letzterem Fall wird die Wasserversorgung der Pflanze verhältnismäßig schlecht sein, im ersteren Fall relativ günstig. Daraus ist zu entnehmen, daß eine optimale Ernährung der Pflanze mit Kalium-, Chlor- und Nitrat-Ionen günstige Wasserbilanzen erzeugt, wobei unter diesem Ausdruck der Unterschied zwischen aufgenommenem und abgegebenem Wasser zu verstehen ist. Mangel an Kalium, also Überwiegen der zweiwertigen Ionen, hat jedoch vielfach ein Wasserdefizit mit einer Erschlaffung (Welketracht) der Pflanze zur Folge. Der Vorteil einer ausreichenden Ernährung der Pflanze mit Stickstoff ist u. a. auch darauf zurückzuführen, daß dadurch die Bildung des Eiweißes begünstigt wird, das ebenfalls auf kolloidchemischem Wege reichliche Mengen Wasser festzuhalten vermag und dadurch gleichfalls günstige Wasserbilanzen schafft.

Ein Bild über den Wasserbedarf einer Pflanze während der Vegetationsperiode gibt uns der sogenannte Transpirationsquotient, worunter man jene Wassermenge versteht, die zur Bildung von 1 kg Pflanzentrockensubstanz von der Pflanze während einer Vegetationsperiode benötigt wird. Gewöhnlich braucht die Pflanze hierfür 300—400 kg je kg wasserfreien Erntegewichtes, wobei jedoch verschiedene Faktoren, wie Sorte, Standort, Nährstoffumsatz, diese Größe weitestgehend beeinflussen. Wenn man mit K. Schmalfuß annimmt, daß eine Zuckerrübenernte von 400 dz, somit 100 dz Trockenmasse, je ha 3—4 Millionen Liter Wasser oder 300—400 mm Niederschläge braucht, wird die Folgerung zwingend, daß, da solche Wassermengen der Pflanze meist während einer Vegetationsperiode nicht zur Verfügung stehen, sie zur Deckung des Defizits auf das Untergrundwasser der Winterniederschläge angewiesen sein wird.

4. Stickstoffernährung

Da der Stickstoff einen regelmäßigen Bestandteil aller Eiweißkörper und aller Aminosäuren darstellt, ist seine Lebensnotwendigkeit schon aus diesem Grunde gegeben. Darüber hinaus enthalten aber auch viele andere lebensnotwendige Substanzen Stickstoff, wie z. B. Enzyme, Phosphatide, das Chlorophyll usw., ganz abgesehen davon, daß viele Glukoside, die Senföle, die Alkaloide, Stickstoff aufweisen. Es ist daher nicht verwunderlich, daß bei Stickstoffmangel die Pflanze tiefgreifende Veränderungen zeigt, nämlich Zwergwuchs (Nanismus), blaßgrüne Farbe (Chlorose) wegen schlechter Chlorophyllausbildung; ferner kommen nur Sklerenchym-Zellen zur Ausbildung, es leidet nicht nur das vegetative, sondern auch das generative Wachstum, die Wachstumszeit wird infolge von Frühreife wesentlich verkürzt. Ebenso schädlich wie Stickstoffmangel ist jedoch auch Stickstoffüberschuß für das gesunde Gedeihen der Pflanze. Es werden dann kaum Zellen mit einigermaßen fester Beschaffenheit ausgebildet, sondern hauptsächlich schwammige, weiche Parenchym-Zellen, wodurch derartige Pflanzen stärkerer mechanischer Beanspruchung kaum Widerstand zu leisten vermögen und pflanzlichen wie tierischen Schädlingen leicht zum Opfer fallen. Die Folge ist geringe Standfestigkeit des Getreides und schlechte Ausbildung der Bastfasern. Der Wassergehalt solcher Pflanzen ist hoch, die Blätter sind dunkelgrün und sehr groß; vielfach kann infolge Kohlenhydratmangel der zugeführte Stickstoff nicht mehr zu Aminosäuren und Eiweiß verarbeitet werden und es kommt zur Ammoniakvergiftung. Asparagin und Glutamin werden mehr gebildet als normal und verderben dadurch den Geschmackswert von Gemüse und Kartoffeln. Der Gehalt pflanzlicher Substanz an Stickstoff beträgt etwa:

Leguminosensamen	3,5—5,5%	des Trockengewichtes
Kartoffelknollen	1,25%	des Trockengewichtes
Zuckerrübenwurzeln	0,80%	des Trockengewichtes
Getreidestroh	0,50%	des Trockengewichtes
Getreidekörner	1,5—2,0%	des Trockengewichtes
Ölsamen	3,0—4,5%	des Trockengewichtes

Der Stickstoff wird von der Pflanze sowohl als Ammonium-Ion wie auch als Nitrat-Ion aufgenommen; andere Formen kommen für die Ernährung nicht in Frage. Vor allem ist der elementare Stickstoff der Atmosphäre für die höhere Pflanze kein Nährstoff; nur Mikroorganismen sind in der Lage, ihn zu verwerten. Lange Zeit herrschte die Ansicht vor, daß nur das Nitrat-Ion von der Pflanze aufgenommen werden könne, nicht aber das Ammonium-Ion. Exakte Wasserkulturversuche mit fließender Nährlösung bei konstanter pH-Zahl haben aber eindeutig ergeben, daß die Kulturpflanzen beide Ionen-Formen aufzunehmen vermögen, wobei allerdings das Nitrat-Ion in seiner Aufnahme viel weniger von der Wasserstoff-Ionen-Konzentration abhängig ist als das Ammonium-Ion. Dieses Ion wird nur zwischen pH 5—7, also bei schwachsaurer Reaktion, gleich gut von der Pflanze verwertet wie das Nitrat Ion, das im breiten pH-Bereich von 3—8 noch günstig wirkt. Der Grund dieser Unterlegenheit des Ammonium- gegenüber dem Nitrat-Ion bei neutraler und alkalischer Reaktion liegt hauptsächlich im Auftreten von freiem Ammoniak, welches durch hydrolytische Spaltung der Ammonium-Salze bei verminderter Wasserstoff-Ionen-Konzentration eintritt; das gebildete Ammoniumhydroxyd kann dann leicht in das freie, für die Pflanzen giftige Ammoniak und in Wasser zerfallen:

$$(NH_4)_2SO_4 + 2\,H_2O = 2\,NH_4OH + H_2SO_4.$$

$$NH_4OH \rightleftarrows NH_3 + H_2O$$

Wenn aber die Wasserstoff-Ionen-Konzentration hoch ist wird die Hydrolyse der Ammoniumsalze unterbunden und diese Ammonsalze unterliegen der elektrolytischen Dissoziation unter Bildung von Ammonium-Ionen.

Die Pflanze verwendet die Stickstoffquelle zum Einbau der Aminogruppe in eine organische Säure, also zum Aufbau der Aminosäuren; für diese Zwecke eignet sich naturgemäß das Ammonium-Ion besser als das Nitrat-Ion, das erst reduziert werden muß. Reduktionsprozesse sind aber an Energiezufuhr geknüpft; die hierfür erforderliche Energie wird von der Pflanze durch zusätzliche Oxydation von Kohlenhydraten über die normale Energiegewinnung hinaus erzeugt; die dabei gewonnene Energie dient zur Reduktion des Nitrats. Man kann daher beobachten, daß bei Nitraternährung der Pflanze gegenüber der Ammoniumernährung eine zusätzliche CO_2-Menge neben der für Zwecke der Energiegewinnung erzeugten CO_2-Menge gebildet wird; diese zusätzliche CO_2-Menge bezeichnet man als „Extrakohlensäure".

Unter den praktischen Bedingungen der Pflanzenernährung ist für die Entscheidung, ob Ammoniumsalze oder Nitrate als Stickstoffquelle in Frage kommen, die Tatsache wichtig, daß Ammoniumsalze physiologisch sauer, Nitrate physiologisch alkalisch reagieren; die Ammoniumsalze werden daher für säureliebende, die Nitrate für säurefeindliche Kulturpflanzen besonders geeignet sein. Auf diese Weise ist verständlich, daß säureliebende Pflanzen, wie Hafer und Kartoffeln, die Ammonsalze, dagegen säurefeindliche Pflanzen, wie die Zuckerrübe und der Raps, Nitrate bevorzugen.

Die Zuckerrüben und Runkelrüben sind imstande, Nitrate zu speichern, wobei diese allerdings durch Chlorionen vertreten werden können, da diese gespeicherten Ionen offenbar als einwertige Anionen nur elektrochemische Aufgaben im pflanzlichen Organismus zu erfüllen haben. Auf diese Weise kann durch eine Chlordüngung das verdrängte Nitrat-Ion, das für die tierische Ernährung an und für sich wertlos ist, für die Eiweißsynthese und damit nutzbringend für die tierische Ernährung verwertet werden.

Es gibt Mikroorganismen, die imstande sind, den Stickstoff der Atmosphäre als Nährstoff zu verwenden. Hierzu gehören einerseits die freilebenden stickstoffsammelnden Bakterien und andererseits die in Symbiose mit den Leguminosen lebenden Knöllchenbaktrien. Das wichtigste freilebende stickstoffbindende Bakterium ist Azotobacter chroococcum Beijerinck.

Azotobacter gedeiht am besten bei neutraler und schwach alkalischer Bodenreaktion, somit bei Anwesenheit von Kalk; es kommt deshalb nur in Böden in größeren Mengen vor, die einen guten Reaktions- bzw. Kalkzustand aufweisen und außerdem gut durchlüftet sind; es findet sich daher am häufigsten in Ackerböden, weniger in Wiesen- und am wenigsten in Waldböden. Wesentlich ist, daß es als Kohlenstoffquelle Mono- und Disaccharide, nicht aber Zellulose verwerten kann, während der anaerobe Bacillus amylobacter auch noch Stärke und Pektin, aber ebenfalls nicht Zellulose auszunutzen imstande ist.

Die Höhe der Stickstoffbindung durch Azotobacter ist vor allen Dingen durch Ernährungsverhältnisse und Alter der Kultur bedingt. Während Kalium, Magnesium und Schwefel für die Ernährung des Azotobacter schon in geringsten Mengen genügen, braucht es eine gute Versorgung mit Phosphorsäure, weshalb phosphorsäurehaltige Böden besonders reich an Azotobacter sind. Besonders empfindlich ist es, wie schon erwähnt, gegenüber hoher Acidität des Substrats und seine untere Wachstumsgrenze liegt bei pH 6,0; sein Entwicklungsoptimum bei pH 7—8. Wegen seines großen Bedarfs an Kalk und Phosphorsäure hat man mikrobiologische Methoden ausgearbeitet, um die Düngerbedürftigkeit der Böden an den genannten Nährstoffen mittels des Azotobacters festzustellen, wobei hervorzuheben ist, daß dieser Mikroorganismus auch einen ausgezeichneten biochemischen Indikator für das Pufferungsvermögen eines Bodens infolge seiner Säureempfindlichkeit darstellt. Auf zwei Böden gleicher pH-Zahl, aber verschieden starker Pufferung, wird Azotobacter nur auf dem gut gepufferten nach einigen Tagen Wachstumszeit weiter gedeihen können, während die von ihm im Lebensprozeß ausgeschiedenen Säuren genügen, um das Wachstum auf dem schlecht gepufferten Boden zum Stillstand zu bringen. Die Gewinne an Stickstoff betragen bei Azotobacter unter den Bedingungen optimaler Ernährung bis zu 80 mg je 1 g verarbeiteter Kohlenstoffquelle. Da im Boden meist nicht genügend aufnehmbare Stoffe vorkommen, um eine diesbezügliche günstige Ernährung zu gewährleisten, wird die Stickstoffbindung des Azotobacter durch Begleitorganismen vorteilhaft beeinflußt, die aus Zellulose die nötige Glukose herzustellen imstande sind. Die Höhe des durch ihn unter praktischen Verhältnissen erzielten Stickstoffgewinnes ist allerdings schwer festzustellen. Remy erblickt die obere Grenze der je Jahr und Hektar möglichen Stickstoffbindung durch Mikroorganismen bei 50 kg/haN, andere Forscher nehmen 20—30 kg/haN, ja noch weniger an. In unserem Klima kann daher der auf diese Weise gewonnene, gebundene Stickstoff höchstens einen wertvollen und willkommenen Zuschuß für die Ernährung der Nutzpflanzen bedeuten; an eine auf diesem Wege mögliche ausreichende Versorgung mit Stickstoff ist aber nicht zu denken. In wärmeren Gegenden scheint allerdings die Menge des durch Bakterienbildung erzeugten Stickstoffs viel höher zu sein, so daß dort gegebenenfalls dadurch eine rationellere Ernährung der höheren Pflanze ermöglicht wird. Der Chemismus der Stickstoffbindung des Azotobacter ist noch nicht restlos aufgeklärt. Nach Blom bildet sich als erstes greifbares Zwischenprodukt Hydroxylamin. Nach Enders ist der biochemische Verlauf der Stickstoffbindung bei Azotobacterkulturen folgender:

$$N_2 \dashrightarrow ? \dashrightarrow \rangle C = NOH \dashrightarrow R \cdot \overset{\overset{COOH}{|}}{C} = NH \longrightarrow R \cdot \overset{\overset{COOH}{|}}{C}H \cdot NH_2$$

Unbekannte Substanz — Oxim — Iminosäure — Aminosäure

Neben den freilebenden, stickstoffbindenden Organismen des Bodens gibt es aber noch eine Stickstoffbindung durch Mikroorganismen, die mit den Leguminosen in Symbiose leben. Daß die Leguminosen eine bodenanreichernde Wirkung haben, war bereits seit ältester Zeit bekannt. Die ersten wissenschaftlichen Versuche über die Assimilation des freien Stickstoffes stammen von Boussingault. In Deutschland wurde diese Fähigkeit der Leguminosen durch Schultz-Lupitz, in England durch Lawes und Gilbert festgestellt. Eine exakte Erklärung für die Stickstoffbindung erbrachten aber erst Hellriegel und Wilfarth in den Jahren 1883 bis 1887, indem sie bewiesen, daß diese Eigenschaft der Leguminosen auf die Anwesenheit gewisser Bakterien zurückzuführen sei, die mit den Wurzeln der genannten Pflanzen in Symbiose auftreten. Darunter versteht man bekanntlich eine gemeinsame Lebensweise verschiedenartiger Organismen unter gegenseitiger Unterstützung. Während die Knöllchenbakterien ihre Kohlenstoffnahrung von den Leguminosen beziehen, werden diese durch die Bakterien mit Stickstoff versorgt. Beijerinck hat dann später die Knöllchenbakterien in Reinkultur gezüchtet, sie zur Impfung, somit zur Erzeugung von Wurzelknöllchen benutzt und ihre Befähigung zur Stickstoffbindung erwiesen. Er nannte dieses Bakterium Bacillus radicicola; heute wird es jedoch, weil es keine Sporen bildet, Bacterium radicicola genannt. Ob die Knöllchenbakterien eine Art mit verschiedenen Varietäten oder zwei oder mehrere Arten darstellen, ist noch nicht entschieden. Doch wurde festgestellt, daß eine bestimmte Kultur von Knöllchenbakterien meist nur bei jener Leguminosenart reichlich Knöllchen erzeugt, von der sie stammt; es scheint somit eine größere Anzahl von Anpassungsarten zu geben. Deshalb setzen Leguminosen, die auf einem Land noch nie angebaut worden sind, im ersten Jahr keine Knöllchen an und assimilieren noch keinen Stickstoff.

Erst bei längerer Kultur werden die Knöllchen angesetzt und es kommt zu einer kräftigen Stickstoffassimilation. Wichtig ist ferner, daß die Leguminosen erst mit fortschreitender Vegetation imstande sind, den atmosphärischen Stickstoff auszunutzen, während sie in ihrem Jugendwachstum, wie alle anderen Pflanzen, auf Zufuhr von löslichen Stickstoffverbindungen angewiesen sind. Um eine sofortige Assimilation zu bewerkstelligen, können Böden, die noch keine Knöllchenbakterien enthalten, geimpft werden, wobei man entweder Erde zusetzt, die von einem Leguminosenfeld herstammt, oder Bakterien-Reinkulturen verwendet, die für jede Leguminosenart zu beziehen sind. Die Menge Stickstoff, die durch die Knöllchenbakterien dem Kulturlande zugute kommt, ist beträchtlich. Im Schrifttum werden verschiedene Zahlen angegeben, die etwa zwischen 100—400 kg N/ha im Jahr schwanken. Die Knöllchenbakterien können nur in Böden mit genügendem Kalkgehalt, somit nur bei neutraler bis alkalischer Reaktion, optimal zur Entwicklung kommen; stark saure Reaktion hindert ihr Wachstum. Der Chemismus der Stickstoffbindung durch die Knöllchenbakterien ist dank der Arbeiten von Virtanen weitgehend geklärt worden.

Dieser finnische Forscher fand, daß Erbsen, die mit Bacterium radicicola geimpft worden waren und auf Sandkulturen gezogen wurden, stickstoffhaltige Stoffe in das umgebende Medium ausscheiden, wobei der gesamte Stickstoff in Form von l-Asparagin-Säure und als deren Dekarboxylierungsprodukt β-Alanin vorliegt. Virtanen gelang es, in den Symbiosenkulturen das Oxim der Oxalessigsäure nachzuweisen. Es ist nur in jüngeren, lebhaft wachsenden Kulturen zu finden und scheint das Zwischenprodukt der Stickstoffassimilation der Knöllchenbakterien zu sein. Nach dem genannten Forscher verläuft die Stickstoffbindung der Symbionten folgendermaßen:

$$N_2 \rightarrow \begin{matrix}\text{Unbekanntes}\\ \text{Zwischenprodukt}\end{matrix} \rightarrow \underset{\text{Hydroxylamin}}{NH_2OH} \longrightarrow \underset{\text{Oxalessigsäureoxim}}{COOH-\overset{\overset{\displaystyle NOH}{\|}}{C}-CH_2COOH} \rightarrow$$

$$\text{Kohlenhydrat} \rightarrow \underset{\text{Oxalessigsäure}}{COOH-CO-CH_2-COOH} - - - \uparrow$$

$$\rightarrow \underset{\text{l-Asparaginsäure}}{COOH \cdot \overset{\overset{\displaystyle NH_2}{|}}{C}H \cdot CH_2COOH} \longrightarrow \underset{\beta\text{-Alanin}}{\overset{\overset{\displaystyle NH_2}{|}}{C}H_2-CH_2COOH}$$

Diese seine Auffassung erhärtete Virtanen dadurch, daß es ihm gelang, größere Mengen Oxalessigsäure in Leguminosen festzustellen und zu zeigen, daß Hydroxylamin auch in sehr verdünnter Lösung mit der genannten α-Ketonsäure augenblicklich und vollständig in Reaktion tritt.

Damit wird auch erklärt, daß Enders bei Azotobacter-Kulturen freies Hydroxylamin höchstens in minimalsten Mengen fand; sein Auftreten in größeren Mengen wäre schon wegen seiner Giftigkeit biochemisch unmöglich. Weder Leguminosen noch Knöllchenbakterien jeweils für sich allein können den Luftstickstoff binden. Versetzte aber Virtanen herausgeschnittene Knöllchenbakterien mit Oxalessigsäure, so erlangten sie die Fähigkeit der Stickstoffbindung. Sie benötigen hierzu die Oxalessigsäure, die ihnen von der Wirtspflanze geliefert wird Die Symbiose zwischen Leguminosen und Knöllchenbakterien ist somit biochemisch im wesentlichen aufgeklärt. Auch einige andere, nicht den Leguminosen angehörende Pflanzen bilden an den Wurzeln bzw. an den Blättern Knöllchen, die imstande sind, den Luftstickstoff zu binden. Dazu gehört z. B. die in Indien vorkommende Pavetta indica, die dort, ähnlich wie bei uns die Leguminosen, schon lange als Gründüngungspflanze genutzt wird.

Im Boden werden letzten Endes alle stickstoffhaltigen organischen Verbindungen in Ammoniak übergeführt. Hauptsächlich sind naturgemäß die Eiweißsubstanzen das wichtigste Ausgangsmaterial für die Ammoniakbildung. Dieser Prozeß wird von einer Fülle Mikroorganismen durchgeführt und sowohl Bakterien wie auch Pilze spielen dabei eine Rolle. Er kann aerob und anaerob verlaufen und wird sich unter praktischen Verhältnissen vielfach durch eine Verkoppelung beider Vorgänge vollziehen. Dabei kommt es aber im Boden im allgemeinen zu keiner größeren Ammoniakanhäufung, da normalerweise sofort Nitrifikation einsetzt. Für gewöhnlich ist daher der Gehalt an Ammoniak sehr gering und schwankt zwischen 0,0005—0,002%. Dort aber, wo die Bedingungen für eine Nitratbildung ungünstig sind, wie auf Rieselfeldern oder Moorböden, kann es gegebenenfalls zu einer gewissen Ammoniakanhäufung kommen.

Sehr weit verbreitet sind die Harnstoff-Zersetzer, die den Harnstoff unter Entwicklung von Urease in Ammoniak und Kohlendioxyd bzw. Ammoniumkarbonat nach folgender Gleichung überführen:

$$CO(NH_2)_2 + 2\,H_2O = (NH_4)_2CO_3\,.$$

Die im Harn der Pflanzenfresser vorkommende Hippursäure wird meist nicht so rasch wie Harnstoff zerlegt; sie zerfällt zunächst nach der Gleichung:

$$\underset{\text{Hippursäure}}{C_6H_5CO \cdot NHCH_2COOH} + H_2O = \underset{\text{Glykokoll}}{CH_2NH_2COOH} + \underset{\text{Benzoesäure}}{C_6H_5COOH}$$

Das Glykokoll wird dann in Ammoniak verwandelt; verschiedene Bakterien und Schimmelpilze vermögen diese Umsetzung durchzuführen.

Auch die im Harn der Tiere vorkommenden Substanzen Harnsäure und Allantoin werden über Harnstoff zu Ammoniak abgebaut:

$$\underset{\text{Harnsäure}}{C_5H_4N_4O_3} + \tfrac{1}{2}O_2 + H_2O = CO_2 + \underset{\text{Allantoin}}{C_4H_6N_4O_3}$$

$$\underset{\text{Allantoin}}{C_4H_6N_4O_3} + O_2 + H_2O = 2CO_2 + \underset{\text{Harnstoff}}{2CO\,(NH_2)_2}$$

Bei der Düngung mit Kalkstickstoff, einem unserer wichtigsten und gebräuchlichsten Handelsdünger, spielt auch die Umwandlung der wirksamen Substanz dieses Düngermittels, des Calciumcyanamids, eine Rolle. Während man früher der Auffassung war, daß der Abbau dieser Verbindung im Boden bis zum Harnstoff durch rein chemische Prozesse, also ohne Mitwirkung der Mikroorganismen vor sich gehe, weiß man heute auf Grund neuerer Untersuchungen von K. Schmalfuß, daß dieser Vorgang auch durch Bakterien und Pilze ausgelöst werden kann. Somit kann auch die erste Phase der

Umwandlung von Calciumcyanamid bis zu Harnstoff, die aus mehreren Teilreaktionen besteht, ein biochemischer Vorgang sein, während die Aufspaltung des Harnstoffs zu Ammoniumkarbonat als zweite Phase stets durch Mikroorganismen ausgelöst wird. Die folgenden Gleichungen geben die wesentlichen Vorgänge wieder:

$$\underset{\text{Calciumcyanamid}}{2\,CaCN_2} + 2H_2O = Ca(OH)_2 + \underset{\text{Monocalciumcyanamid}}{Ca(CNNH)_2}$$

$$Ca(CNNH)_2 + 2H_2O = Ca(OH)_2 + \underset{\text{Cyanamid}}{2\,CNNH_2}$$

$$\underset{\text{Cyanamid}}{CNNH_2} + H_2O = CO(NH_2)_2$$

$$\underset{\text{Harnstoff}}{CO(NH_2)_2} + 2H_2O = (NH_4)_2CO_3$$

In einem normalen Boden erfolgt in Bälde eine Umwandlung des gebildeten Ammoniaks über Nitrit zum Nitrat. Wenn neuerdings indische Forscher fanden, daß unter den Verhältnissen der Tropen dabei auch photochemische Oxydationen mitspielen, so ist die Überzeugung doch heute allgemein, daß unter unseren klimatischen Bedingungen mikrobiologische Vorgänge dabei die wesentliche Rolle ausüben. Die Untersuchungen von Winogradsky haben völlige Klarheit über die Vorgänge bei der Nitrifikation gebracht. Er bewies, daß zwei Arten von Nitrifikationsbakterien zu unterscheiden sind, die beide Hand in Hand arbeiten; die eine oxydiert Ammoniak zu Nitrit, die andere Nitrit zu Nitrat. Bisher kennt man keine Organismen, die für sich allein imstande wären, Ammoniak unmittelbar in Nitrat zu verwandeln, ebenso wie keine gefunden wurden, die organischen Stickstoff unter Ausschaltung des Ammoniaks direkt in Nitrat überzuführen in der Lage wären. Als Nitritbildner unterscheidet Winogradsky die Gattungen Nitrosomonas und Nitrosococcus. Die Prozesse verlaufen etwa folgendermaßen:

$$2\,NH_3 + 3O_2 = 2HNO_2 + 2H_2O + 156\ \text{Cal.}$$
$$2\,HNO_2 + O_2 = 2\,HNO_3 + 44\ \text{Cal.}$$

Das Optimum der Tätigkeit der Nitrit- und Nitratbildner liegt im neutralen bis alkalischen Gebiet, hohe Acidität wirkt schädlich auf sie. Vorbedingung für ihr Gedeihen ist ein gut durchlüfteter Boden, während stauende Nässe und Abwesenheit von Sauerstoff sie nicht aufkommen lassen. In kalkreichen, gut durchlüfteten Böden findet Nitrit- und Nitratbildung immer gleichzeitig statt. Allerdings kann der Prozeß der Nitrifikation selbst auf die Dauer zur Verschiebung ins saure Gebiet führen, wenn nicht genügend Basen im Boden vorhanden sind, und zwar nach folgendem Schema:

$$(NH_4)_2SO_4 + 4O_2 = 2HNO_3 + H_2SO_4 + 2H_2O$$

Ganz außerordentlich wird die Nitrifikation durch Wassermangel gehemmt. Die Nitrifikationsbakterien sind autotroph, obwohl sie kein Chlorophyll besitzen. Die bei der Oxydation von Ammoniak bzw. Nitrit freiwerdende Energie verwenden sie für die Durchführung der Kohlensäureassimilation; sie benötigen somit zu ihrer Ernährung keine organischen Substanzen; größere Mengen von Kohlenstoffverbindungen hemmen sogar ihre Entwicklung. Unter praktischen Verhältnissen schädigen jedoch die organischen Stoffe des Bodens sie fast nie, außer auf ausgesprochen sauren Hochmoorböden oder auf Rieselfeldern. Ebenso ist die große Empfindlichkeit der Nitratbildner gegenüber Ammoniak nur bei Anwesenheit von freiem Ammoniak praktisch von Bedeutung, z. B. in Stalldünger und Jauche, wo sowohl der Gehalt an freiem Ammoniak wie an löslichen organischen Stoffen die Nitrifikation fast ganz unterdrückt. Sowohl die Nitrit- wie auch die Nitratbildner gedeihen nur bei Anwesenheit von Luft; bei stauender Nässe ist daher keine Nitrifikation zu erwarten. Unter natürlichen Verhältnissen verlaufen Nitrit- und Nitratbildung unmittelbar nacheinander, weshalb größere Mengen von Nitrit nur selten in Böden nachzuweisen sind. Die Nitratbildung kommt bei Frost fast vollständig zum Stillstand. Im übrigen zeigt die Stärke der Nitrifikation im Verlauf eines Jahres eine deutliche Periodizität. Im Frühjahr und Herbst ist ein Maximum der Nitratbildung zu beobachten, ein deutliches Absinken jedoch in den Hochsommermonaten und im Winter. Für die landwirtschaftliche Praxis ist dies insofern von Bedeutung, weil die als Düngermittel verabreichten Ammonsalze aus diesen Gründen im Verlauf des Frühjahrs am besten nitrifiziert werden.

Unter Denitrifikation versteht man die Entbindung von freiem Stickstoff aus Nitraten; unter Nitratreduktion jenen Vorgang, der entgegengesetzt der Bildung von Nitraten aus Ammoniak verläuft, bei welchem somit Nitrat zum Ammoniak reduziert wird. Die Umsetzung von Nitrat in Ammoniak kann durch zahlreiche Bakterien und Pilze vorgenommen werden; meist so, daß das Nitrat zuerst zum Nitrit, später das Nitrit zum Ammoniak reduziert wird, wobei manche Mikroorganismen beide Reaktionen durchführen können, andere wiederum nur einen dieser beiden Prozesse. Neben dieser biochemischen Reaktion ist auch eine rein chemische beobachtet worden, die in erster Linie von Huminsubstanzen bewirkt wird. Da bei der Nitratreduktion im allgemeinen keine Stickstoffverluste eintreten, so ist sie, vom Standpunkt der landwirtschaftlichen Praxis gesehen, ein "relativ" harmloser Vorgang, der meist im Boden nur selten in größerem Umfang auftritt, wenn man von Moor- und Sumpfböden absieht.

Man kann zwischen direkter und indirekter Denitrifikation unterscheiden. Unter direkter Denitrifikation versteht man die unmittelbare Reduktion des Nitrats zu Stickstoff durch Enzyme der Mikroorganismen, während man als indirekte Denitrifikation die Reduktion durch deren reduzierende Stoffwechselprodukte, insbesondere Wasserstoff, bezeichnet; vielfach überschneiden sich beide Vorgänge; bei der indirekten Denitrifikation bilden sich Stickoxyd und Stickoxydul, bei der direkten elementarer Stickstoff. Für den Vorgang der Denitrifikation sind stets drei Vorbedingungen nötig, nämlich die Gegenwart von Salpeter, die Anwesenheit größerer Mengen Kohlenstoffverbindungen und anaerobe Verhältnisse. In einem gesunden, gut durchlüfteten Boden kann es daher bei Anwesenheit von viel Nitrat nicht zu einer Denitrifikation und damit zu Stickstoffverlusten kommen, wohl aber, wenn es sich um einen Boden mit stauender Nässe handelt, bei dem kein Luftzutritt erfolgen kann. Aber nicht nur auf biochemischem, sondern auch auf rein chemischem Wege kann es zur Entwicklung von elementarem Stickstoff kommen, z. B. durch Reaktion von Harnstoff mit salpetriger Säure oder von Ammoniak mit salpetriger Säure:

$$CO(NH_2)_2 + 2\,HNO_2 = 2N_2 + 3H_2O + CO_2$$
$$NH_3 + HNO_2 = NH_4NO_2 = N_2 + 2H_2O\,.$$

Je mehr Kohlenstoffverbindungen vorhanden sind und je höher ihr Nährwert ist, desto mehr wird eine Amid-, Ammon- und Nitratassimilation angeregt. Wesentlich ist, daß diese drei Prozesse aerobe Bedingungen voraussetzen. Am leichtesten wird der Amidstickstoff assimiliert, weniger leicht Ammonium- und am schwierigsten der Nitratstickstoff. Diese Formen der Stickstoffassimilation durch die Mikroorganismen bewirken eine Festlegung zugeführten Stickstoffs und stellen damit eine biologische Sorption dar, die für die praktische Landwirtschaft teils von Vorteil, teils von Nachteil sein kann. Meist wirkt sich dieser Vorgang nachteilig aus, weil dadurch zugeführter, leicht löslicher Düngerstickstoff, der für die Kulturpflanzen bestimmt war, von den Mikroorganismen für ihre eigene Ernährung verwendet wird; erst nach deren Absterben wird durch erneute Mineralisierung des in schwer lösliche Form übergegangenen Stickstoffs dieser in eine Bindungsform gebracht, in der er von den Kulturpflanzen wieder verwertet werden kann; in der Zwischenzeit ist somit der zugeführte, leicht lösliche Stickstoff durch diese Assimililationsprozesse für die höhere Pflanze entwertet worden. Sowohl Bakterien wie auch Schimmelpilze und Actinomyceten sind an diesen Vorgängen beteiligt.

5. Schwefel als Nährstoff

Ein weiteres unentbehrliches Element für die Pflanzenernährung ist der Schwefel. Er ist in allen Eiweißkörpern vorhanden, ferner in den Senfölen, Lauchölen und im Vitamin B_1. Die Eiweiß-Substanzen enthalten etwa 0,5—2,0% S; die schwefelhaltigen Aminosäuren sind Cystein, Cystin, Methionin und das Tripeptid Glutathion. Der Schwefel wird von den Pflanzen lediglich als Sulfat-Ion aufgenommen. Besonders reich an Schwefel sind Senföl und Lauchöl haltige Pflanzen, wie Raps, Rübsen, Zwiebel, Knoblauch usw. Durchschnittlich entfallen auf 100 Teile Phosphor in den Pflanzen 50—150 Teile Schwefel. Die beiden Aminosäuren Cystein und Cystin stellen ein wichtiges Redox-System des pflanzlichen Organismus dar. Der Schwefel kommt in der Pflanze aber nicht nur in organischer Bindung vor, sondern auch als Sulfat-Ion; die jüngeren Blätter enthalten weniger Sulfat-Ionen als die älteren, während reife Samen hauptsächlich organisch gebundenen Schwefel aufweisen. Sulfid-Schwefel kann auch innerhalb der Pflanze in Sulfat-Schwefel rückverwandelt werden, welcher Prozeß besonders in den vegetativen Organen der Pflanze aufzutreten pflegt. Das Sulfat-Ion hat als solches in der Pflanze zweifellos kolloidaktive Wirkung auszuüben, d. h. es beeinflußt den Quellungszustand der Kolloide. Obwohl somit dem Schwefel wichtige Aufgaben in der Pflanze zukommen, ist es im allgemeinen nicht nötig, mit Sulfaten zusätzlich zu düngen, da in den meisten Böden viele Sulfide und Sulfate vorhanden sind, und außerdem viele Düngermittel dem Boden erhebliche Mengen Sulfat zuführen. Dem steht allerdings entgegen, daß der Boden ständig sehr große Mengen Sulfat durch Auswaschung im humiden Klima verliert.

Der Gehalt einiger Pflanzen an Schwefel beträgt:

Getreidekörner	0,3—0,5%	SO_3 des Trockengewichtes
Getreidestroh	0,15%	SO_3 des Trockengewichtes
Hülsenfruchtsamen	0,8%	SO_3 des Trockengewichtes
Kartoffelknollen Zuckerrübenwurzeln	0,3%	SO_3 des Trockengewichtes
Zwiebeln	1,4%	SO_3 des Trockengewichtes

Das Sulfat-Ion hat zweifellos unter anderem auch die Aufgabe, den richtigen Quellungsgrad der Plasmakolloide zu ermöglichen, und steht insofern mit den einwertigen Anionen Chlor und Nitrat in einem gewissen Antagonismus.

Der Schwefelkreislauf zeigt gewisse Parallelen mit dem des Stickstoffes. Während beim Abbau der organischen Stickstoffverbindungen Ammoniak entsteht, bildet sich beim Zerfall der schwefelhaltigen Substanzen Schwefelwasserstoff. Bei dessen Oxydation entsteht zunächst Schwefel, der dann weiterhin in Schwefelsäure übergeht:

$$2H_2S + O_2 = 2H_2O + 2S$$
$$2S + 2H_2O + 3O_2 = 2H_2SO_4 .$$

Die Oxydation des Schwefelwasserstoffs zu Schwefel bzw. Schwefelsäure wird durch die gleichen Mikroorganismen bewirkt und erfolgt nicht durch verschiedene Mikroben, wie dies bei der Oxydation von Ammoniak zu Nitrit und Nitrat der Fall ist. Das Sulfat wird sowohl zum Schwefelwasserstoff reduziert, wie auch wiederum in organische Bindung übergeführt, somit assimiliert. Ebenso wie der Schwefelwasserstoff kann auch das Sulfat in elementaren Schwefel umgesetzt werden. Das Thiosulfat kann zu Schwefel und Schwefelwasserstoff reduziert oder zu Sulfat oxydiert bzw. zu organischer Substanz assimiliert werden, seinerseits aber wiederum durch Oxydation von Schwefelwasserstoff und Sulfiden entstehen. Die Bildung von Schwefelwasserstoff und Ammoniak aus organischen schwefel- und stickstoffhaltigen Produkten wird meist durch die gleichen Mikroorganismen (Pilze und Bakterien) bewirkt; diese Prozesse gehen sowohl aerob wie auch anaerob vor sich. Zahlreiche Schwefelwasserstoffbildner können daneben Merkaptan erzeugen. Auch die Zahl der Sulfatbildner ist im Gegensatz zu den Nitrit- oder Nitratbildnern sehr groß. Hierher gehören sowohl farblose wie auch intensiv rot gefärbte Mikroorganismen, die sogenannten Purpurbakterien, während man für gewöhnlich alle sulfatbildenden Bakterien nicht ganz exakt mit Schwefel- oder Thiobakterien bezeichnet. Viele dieser Schwefelbakterien gewinnen durch Oxydation des Schwefelwasserstoffs zu Sulfat die für die Kohlensäure-Assimilation nötige Energie, treiben somit Chemosynthese. Die Oxydation schwefelhaltiger Verbindungen zu Schwefelsäure besitzt namentlich beim biochemischen Abbau der stets Schwefel im Molekül aufweisenden Eiweißkörper große Bedeutung; daß dieser Vorgang auch bei der Bodenbildung wichtig ist, weiß man seit den Arbeiten von Blanck; es gelang diesem Forscher nachzuweisen, daß die auf diese Weise im Boden aus pflanzlichen und tierischen Resten entstandene Schwefelsäure auf bodenchemische Prozesse eine wesentliche Rolle ausübt. Ein großer Teil der Wirkungen, die man früher auf die Humussäure zurückführte, wird durch die biochemisch gebildete Schwefelsäure verursacht. Vielfach wird die Oxydation des Schwefels zu Sulfat durch die Mikroorganismen mittels gebundenen Sauerstoffs vorgenommen, der durch Reduktion von Nitraten diesen entzogen wird:

$$6\,KNO_3 + 2\,CaCO_3 + 5S = 3\,K_2SO_4 + 2\,CaSO_4 + 2\,CO_2 + 3N_2.$$

Viele Bakterien und Pilze vermögen Schwefel zu Schwefelwasserstoff zu reduzieren. Auch Sulfat kann durch einige wenige Mikroorganismen zu Schwefelwasserstoff reduziert werden. Thiosulfate werden sowohl zu Schwefel und Schwefelwasserstoff reduziert, wie auch zu Sulfat, Thionsäuren und Polythionaten oxydiert. Physiologisch ist interessant, daß die Thiosulfat oxydierenden Bakterien durch die damit gewonnene Energie Kohlensäure zu assimilieren vermögen. Vielmehr als beim Stickstoff besteht beim Schwefel die Möglichkeit, daß sich die erwähnten Umsetzungen auch auf rein chemischem Weg und somit ohne die Anwesenheit von Mikroorganismen vollziehen.

6. Phosphor als Nährstoff

Der Phosphor ist ein unbedingt nötiger Pflanzennährstoff, da er lebensnotwendige Substanzen der Zelle aufbaut, nämlich die Nucleoproteide, die Phosphatide, das Phytin und die Phosphorsäureester der Zucker. Er ist deshalb nicht für den Bau, sondern auch den Betriebsstoffwechsel lebenswichtig, da die Kohlenhydrate vom Organismus nur umgewandelt bzw. oxydiert werden können, falls sie zuvor mit Phosphorsäure verestert worden sind. Der Phosphorgehalt einiger Pflanzen beträgt etwa:

Getreidekörner	0,7–1,0%	P_2O_5 des Trockengewichtes
Getreidestroh	0,25%	P_2O_5 des Trockengewichtes
Leguminosensamen	1,0–1,44%	P_2O_5 des Trockengewichtes
Kartoffelknollen	0,50%	P_2O_5 des Trockengewichtes
Zuckerrübenwurzeln	0,35%	P_2O_5 des Trockengewichtes

Auch der Phosphor wird nur in Form der höchsten hydratisierten Oxydationstufe aufgenommen, nämlich als Phosphat-

Ion, somit als Salz der Orthophosphorsäure, wobei meist primäre und sekundäre Phosphate in Frage kommen. Sehr charakteristisch sind die Phosphormangelerscheinungen der Pflanze. Phosphormangel äußert sich sowohl in der vegetativen wie auch in der generativen Entwicklung; besonders leidet aber die generative Entwicklung darunter und es kommt zu einer mangelnden Ausbildung der Samen und Früchte. An den Blättern zeigt sich die Erscheinung des sogenannten Hyperchlorophyllismus, d. h. sie sind dunkel- bis schmutziggraugrün gefärbt. Manchmal tritt auch Anthozyanbildung auf, die Blätter zeigen rötlich-braune Verfärbungen. Während die Reife einer normal mit Phosphor ernährten Pflanze beschleunigt wird, bewirkt Phosphormangel Reifeverzögerung. Die Pflanze zeigt außerdem bei Phosphormangel Starrtracht. Phosphorverbindungen finden sich vor allem in der jugendlichen Pflanze weit verbreitet, während bei dem Reifungsprozeß ein großer Anteil anorganischer Phosphate in Phytin übergeht, wie insbesondere K. Schmalfuß gezeigt hat. Es ist klar, daß bei Phosphormangel die Nucleoproteide und Phosphatide nicht entstehen können. Wie Michael nachwies, wird bei steigender Zufuhr von Phosphaten der Gehalt der Blätter an anorganischen Phosphaten erhöht, während der Gehalt an Phosphatiden kaum, der an phosphorhaltigen Eiweißstoffen überhaupt nicht zunimmt. Es scheint, als ob das Phosphat-Ion auch für die Erhaltung des richtigen Quellungsgrades der Plasmakolloide von Bedeutung ist.

Während das Nitrat- und Sulfat-Ion im biochemischen Kreislauf reduziert und die entstehenden Reduktionsprodukte wiederum oxydiert werden, ist dies beim Phophat-Ion nicht der Fall; bei seinen physiologischen Umsetzungen bleibt es im wesentlichen unverändert und wird unmittelbar als solches in die organischen Substanzen eingebaut. In den Phosphorproteiden ist die Phosphorsäure mit Aminosäuren verbunden; in den Nucleinsäuren, dem charakteristischen Bestandteil der Nucleoproteide, ist sie mit einem Kohlenhydrat verestert, das mit Purin- bzw. Pyrimidin-Basen verknüpft ist. Das Phytin ist das Calcium-Salz der Inosit-Phosphorsäure, während den Phosphatiden der Glycerinphosphorsäureester zugrunde liegt, der außerdem mit Fettsäuren und einer Ammoniumbase (Cholin bzw. Colamin) verbunden ist.

Der Phosphorsäuregehalt unserer Böden liegt zwischen 0,025 bis 0,3% P_2O_5 und setzt sich aus anorganischen und organischen Verbindungen zusammen. Von den anorganischen sind hauptsächlich Apatit, Vivianit sowie Tonerdephosphate wichtig, von organischen Formen finden sich Phytin, Phosphatide (Lecithin) und Nucleoproteide vor. Gewöhnlich sind die feinsten Bestandteile am reichsten an Phosphorsäure, während in den Bodenteilchen von mehr als 1 mm Korngröße nur geringe Phosphorsäuremengen enthalten sind. Nach neueren Untersuchungen ist die Phosphorsäure überdies nesterartig im Boden verteilt. Im einzelnen betrachtet, kommt die Phosphorsäure im Boden in Form von Mono-, Di- und Triphosphaten von Kalium, Natrium, Calcium, Magnesium, Eisen, Aluminium und Mangan vor. Die Phosphorsäure tritt fast ausschließlich als Orthophosphorsäure auf, Meta- und Pyrophosphorsäure spielen dagegen fast kaum eine Rolle.

Der wichtigste Lieferant der Phosphorsäure ist der Apatit, von dem man auf Grund neuester Forschungen weiß, daß er nur in zwei Formen auftreten kann, nämlich als Hydroxyl- und Fluorapatit. Die Verbreitung dieses Minerals ist zwar sehr groß, es ist aber meist nur in geringen Mengen vorhanden. Da der Apatit im wesentlichen aus schwer löslichem Tricalciumphosphat besteht, ist es für die Ernährung der Pflanze wichtig, diese schwer assimilierbare Phosphorsäure in eine leicht aufnehmbare, wasserlösliche Form überzuführen. Die größte Rolle als Lösungsmittel im Boden spielen dabei die Wasserstoff-Ionen der von den Mikroorganismen und den Pflanzen ausgeschiedenen Atmungskohlensäure. Da die einzelnen Pflanzen eine verschieden starke Atmungsintensität aufweisen, ist auch ihre Fähigkeit verschieden, die schwer lösliche Phosphorsäure des Bodens aufzuschließen. Ein Teil der Bodenphosphorsäure oder der zugeführten Düngungsphosphorsäure wird durch die Mikroorganismen festgelegt, so daß von einer biologischen Sorption der Phosphorsäure gesprochen werden kann. Im übrigen ist deren Kreislauf im Boden außerordentlich von dessen Reaktion abhängig. Auf austauschsauren Böden, somit bei solchen mit einer pH-Zahl kleiner als 5,3, wird die Phosphorsäure durch die bei dieser Reaktion wasserlöslichen Aluminium- und Eisensalze gebunden und geht in $AlPO_4$ bzw. $FePO_4$ über; diese Verbindungen vermag die Pflanze nicht in Lösung zu bringen und eine derart festgelegte Phosphorsäure ist daher für sie wertlos. Erst bei Verbesserung der Reaktionsverhältnisse des Bodens durch entsprechende Kalkung werden Eisen- und Aluminiumphosphat in Calciumphosphat verwandelt; damit wird die Phosphorsäure wieder pflanzenaufnehmbar und kann dadurch in den normalen Phosphorsäurekreislauf eintreten. Daraus ist ersichtlich, daß die Wirkung der Phosphorsäure im Boden eine Funktion von dessen Reaktion ist und phosphorsäurearme Böden erst dann die durch Düngung zugeführte Phosphorsäure verwerten werden, falls vorher die Kalkverhältnisse des betreffenden Bodens in Ordnung gebracht worden sind. Die Einwirkung der Kohlensäure auf die wasserunlösliche Di-, Tri- und Tetraphosphorsäure geht nach folgendem Schema vor sich:

$$2(CaHPO_4 \cdot 2\,H_2O) + 2\,CO_2 = CaH_4P_2O_8 \cdot H_2O + Ca(HCO_3)_2 + H_2O$$
$$Ca_3(PO_4)_2 + 4\,H_2O + 4\,CO_2 = CaH_4P_2O_8 + 2\,Ca\,(HCO_3)_2$$
$$Ca_4P_2O_9 + 5H_2O + 6\,CO_2 = CaH_4P_2O_8 + 3Ca\,(HCO_3)_2$$

Von den organischen Säuren sind vor allem die Huminsäuren für die Lösung der Phosphate wichtig. Da im normalen gesunden Boden immer ein gewisser Vorrat an Calciumcarbonat vorhanden ist, wird das wasserlösliche Monocalciumphosphat in Bälde in Dicalciumphosphat und nach längerer Zeit schließlich in Tricalciumphosphat übergehen:

$$CaH_4P_2O_8 + CaCO_3 = 2CaHPO_4 + CO_2 + H_2O$$
$$2\,CaHPO_4 + CaCO_3 = Ca_3P_2O_8 + CO_2 + H_2O$$

Die Tiefenwirkung der zugeführten Phosphorsäure kann daher nur gering sein, da sich die gebräuchlichen Phosphordüngermittel durchweg mit den Calciumverbindungen des Bodens letzten Endes zu Tricalciumphosphaten umsetzen. Eine größere Tiefenwirkung, die insbesondere bei der Versorgung des Grünlandes mit Phosphor wichtig wäre, könnte nur durch Phosphorsäureverbindungen ermöglicht werden, die kein unlösliches Calciumsalz bilden, z. B. von den Calciumsalzen organischer Phosphorsäureester.

Die Phosphorverbindungen der Mikroorganismen, der höheren Pflanzen, der abgestorbenen Tiere und der tierischen Exkremente werden im Boden durch mikrobielle und chemische Zersetzung wiederum in anorganische Phosphate verwandelt, worauf letzten Endes die Entstehung der Phosphatlager zurückzuführen ist. Damit wird auch der für die gesamten Lebensvorgänge und unsere Ernährung so ungemein wichtige biochemische Phosphorkreislauf geschlossen.

Da die Phosphorsäure in den meisten Kulturböden einen Minimumfaktor darstellt, ist die Beschaffung der nötigen Phosphate eine der wichtigsten Zukunftsaufgaben in allen Kulturländern. Zum Unterschied von anderen biogenen Substanzen, die einen wesentlichen Bestandteil der festen Erdrinde ausmachen, ist die ernährungsphysiologisch so wichtige Phosphorsäure nur in ganz unzureichender Menge (0,3%) in der festen Erdrinde vorhanden. Dem Nährstoff Phosphorsäure und seiner Umsetzung im Boden ist auch deshalb eine besondere Beachtung zu schenken, als seine Menge nicht nur die Höhe, sondern auch die Güte unserer Ernten und damit den ernährungsphysiologischen Wert unserer Futter- und Nahrungsmittel bestimmt.

7. Eisen als Nährstoff

Daß das Eisen ein lebensnotwendiges Element ist, geht daraus hervor, daß es ein integrierender Bestandteil der Zellhämine ist, nämlich der Cytochrome, des gelben Atmungsfermentes, der Peroxydase und Katalase. Eisen ist zwar nicht im Molekül des Chlorophylls enthalten, wie man früher glaubte, aber es ist zur Bildung des Chlorophylls aus dessen Vorstufe, dem Protochlorophyll, unbedingt nötig. Dies ist auch der Grund, warum es bei Eisenmangel zu keiner Chlorophyllausbildung kommt, wodurch die Pflanze chlorotisch wird. Ohne Eisen kommt es daher zu keinem normalen Ergrünen der Pflanze und alle grünen Pflanzenteile sind daher eisenreich. Eisen ist somit ein Bestandteil wichtiger Enzymsysteme, insbesondere von Redox-Systemen, und spielt sowohl bei der Atmung als auch bei der Photosynthese eine wichtige Rolle. Wie Warburg fand, hat es auch bei der Nitratreduktion Aufgaben zu erfüllen, ebenso bei der Reduktion der Sulfate. Der Gehalt der Pflanzen an Eisen ist im allgemeinen sehr gering; nur die sogenannten ferrophilen Pflanzen wie Hafer, Reis, Spinat, weisen höhere Eisenwerte auf.

Getreidekörner	0,03% Fe_2O_3 des Trockengewichtes
Kartoffelknollen	0,04% Fe_2O_3 des Trockengewichtes
Zuckerrübenwurzeln	0,04% Fe_2O_3 des Trockengewichtes
Tabakblätter	0,34% Fe_2O_3 des Trockengewichtes
Spinatblätter	0,45% Fe_2O_3 des Trockengewichtes

Blätter sind meist eisenreicher als Samen. Das Eisen kann sowohl als Ferro- wie auch Ferri-Ion aufgenommen werden. In den Böden mit Ausnahme der stark sauren Podsolböden und der Moorböden ist es meist reichlich vorhanden; bei starkem Kalküberschuß oder sonstiger alkalischer Reaktion wird aber oft seine Aufnahme verhindert und die schon erwähnte Chlorose kann auftreten. Die früher vorherrschende Meinung, daß das zweiwertige Eisen giftig und es daher zur Ernährung der Pflanze ungeeignet sei, hat sich als falsch erwiesen. Besonders bei Wasserkulturversuchen ist es wichtig, durch entsprechende Eisenzufuhr, z. B. mit Ferricitrat, dafür Sorge zu tragen, daß die Pflanzen nicht chlorotisch werden.

8. Calcium, Magnesium, Kalium, Natrium als Nährstoffe

Diese Elemente sind in ihrer physiologischen Wirkung auf das Pflanzenwachstum am besten gemeinsam zu besprechen, da bei ihnen die Einwirkung auf den Quellungszustand der Kolloide in erster Linie zum Ausdruck kommt und dabei Erscheinungen des Synergismus und Antagonismus der Ionen eine Rolle spielen. Die Pflanze kann unter anderem auch als kolloides System betrachtet werden; denn ein großer Teil der Stoffe, die sie hauptsächlich aufbauen, besteht aus hochmolekularen Substanzen in kolloidem Zustand. Für das normale Funktionieren des Bau- und Betriebsstoffwechsels der Pflanze ist nun der richtige Quellungszustand (Hydratationsgrad) dieser Kolloide ganz wesentlich. Die einzelnen Ionen üben auf Kolloide je nach ihrer Natur eine spezifische Wirkung aus, die von der Ladung und Hydratation der Ionen abhängt. Hydrophile Ionen, wie Natrium, Kalium, Chlor, Nitrat, wirken quellend; hydrophobe wie Calcium, Magnesium, Sulfat, Phosphat entquellend. Die Ionen der Alkalien wirken somit quellend, die der Erdalkalien entquellend gemäß der „Hofmeisterschen" Ionenreihe: $Na^+ > K^+ > Mg^{++} > Ca^{++}$. Auch für die Anionen kann man eine solche Reihe aufstellen, nämlich $Cl^- > NO_3^- > HPO_4^= > SO_4^=$. Der richtige Quellungszustand der Kolloide, die sogenannte Eukolloidät, liegt nun etwa in einem mittleren Gebiet zwischen zu starker Quellung und Entquellung; dieser optimale Bereich wird naturgemäß dann erreicht werden, wenn die stark quellenden und die stark entquellenden Ionen sich im Gleichgewicht befinden, wenn somit der richtige Synergismus und Antagonismus der Ionen, das richtige Zusammen- und Widerspiel durch entsprechend ausgeglichene Salzlösungen gegeben ist. Daraus erhellt schon, daß einseitiges Vorherrschen von Ionen immer schädlich sein wird und nur bei gleichzeitiger Anwesenheit von quellenden und entquellenden Ionen die günstigsten Verhältnisse für das Pflanzenwachstum vorliegen. Jedes der in Frage kommenden Ionen für sich allein wird daher immer schädlich wirken, woraus schon die Wichtigkeit nicht nur der nötigen absoluten Menge, sondern auch des richtigen Verhältnisses hervorgeht. Im Laufe der geschichtlichen Entwicklung der Pflanzenernährungslehre wurden diese Erkenntnisse im sogenannten Kalk-Kali-Gesetz von Ehrenberg bzw. im Kalk-Magnesia-Faktor von O. Loew niedergelegt. Dieser Antagonismus der Ionen äußert sich u. a. auch darin, daß die Permeabilität des Plasmas durch Calcium-Ionen erniedrigt, durch Kalium- und Natrium-Ionen erhöht wird. Ca-Ionen hemmen die Wasseraufnahme und begünstigen die Transpiration, K-Ionen fördern die Wasseraufnahme und hemmen die Wasserabgabe. Daraus geht schon hervor, daß sich Kaliummangel in einem ungünstigen Wasserhaushalt der Pflanze auswirken wird; sie neigt zum Vertrocknen und zeigt Welketracht.

Die besonderen Wirkungen des K-Ions auf den pflanzlichen Stoffwechsel sind daher auf diese Kolloidaktivität zurückzuführen. Während man früher glaubte, daß das K-Ion mit der Kohlenhydratbildung deshalb zusammenhängen müsse, weil kohlenhydratreiche Pflanzen meist sehr K-bedürftig sind, weiß man heute, daß die primäre Wirkung des Kaliums in seiner Kolloidaktivität liegt, somit die Kolloide der Pflanze im Sinne der Quellung, Permeabilitätserhöhung, Verbesserung des Wasserhaushaltes beeinflußt werden. Alle weiteren Einwirkungen auf den pflanzlichen Stoffwechsel durch dieses Ion folgern daraus, sind somit sekundärer Natur. Kaliummangel zeigt sich in einer Welketracht der Pflanze und vielfach zeigen sich auch auf den Blättern, besonders den Blatträndern, weißliche Flecken; die Dürreresistenz und Frostwiderstandsfähigkeit der Pflanze wird vermindert, die Anfälligkeit gegenüber Parasiten erhöht, das Lagern des Getreides nimmt zu. Eine mit Kalium gut ernährte Pflanze wird daher einen günstigen Wasserhaushalt zeigen und eine gewisse Dürreresistenz aufweisen. Eine spezifische Wirkung des Kaliums auf Photosynthese und Eiweißbildung scheint jedoch nicht vorhanden zu sein. Wie besonders Schmalfuß gezeigt hat, bestehen Beziehungen zwischen der Kaliumernährung und der Ausbildung mehr oder minder gesättigter Fettsäuren über den Wasser- und Wärmehaushalt der Pflanze.

Was die physiologische Wirkung des Calciums im besonderen anbelangt, so ist auch hier der Primäreffekt in der erwähnten Kolloidaktivität dieses Ions gegeben. Es scheint, daß manchmal eine Aufgabe des Calcium-Ions darin besteht, organische Säuren, die für die Pflanze schädlich sind, zu entgiften, wie z. B. die Oxalsäure durch die Bildung des unlöslichen Calciumoxalates. Offenbar vermag auf diese Weise auch überschüssiges Calcium durch die Oxalsäure gebunden zu werden. Auch an Pektinsäure ist das Calcium in der Pflanze gebunden. Weder durch Strontium- noch durch Barium-Ionen kann das Calcium-Ion ersetzt werden. Bei Calciummangel leidet besonders das Wurzelwachstum; für ein normales Wurzelwachstum ist daher die Anwesenheit von Calcium wichtig.

Auch beim Magnesium-Ion spielen in erster Linie kolloidaktive Wirkungen eine Rolle. Das Magnesium kommt aber nicht nur als Ion in der Pflanze vor, sondern auch organisch gebunden im Chlorophyll. Alle grünen Teile der Pflanze enthalten daher schon aus diesem Grunde Magnesium; jedoch kommt es auch in chlorophyllfreien Pflanzen und Mikroorganismen vor bzw. in Pflanzenteilen, die kein Blattgrün enthalten, wie z. B. besonders reichlich in den Samen. Im allgemeinen ist nur ein verhältnismäßig geringer Teil des Gesamtmagnesiums der Pflanze an Chlorophyll gebunden. Zweifellos ist auf Grund neuerer Forschungen auch die Notwendigkeit des Magnesiums für die Wirkung von Enzymen bewiesen; Magnesium stellt für diese Substanzen eine prosthetische Gruppe, offenbar ein Coferment dar; eine solche Rolle scheint sie z. B. bei Phosphatasen zu spielen. In neuerer Zeit sind öfters Magnesiummangel-Erscheinungen, vor allem an Getreidepflanzen, beobachtet worden, die sich in einer Panaschierung der Blätter äußern. Die Zufuhr von Magnesium durch Düngersalze, am besten in Form der Kalidüngersalze, wird daher vielfach zu einer Notwendigkeit. Während Kalium, Calcium, Magnesium lebensnotwendige Nährstoffe sind, ist bisher die Unentbehrlichkeit des Natriums noch nicht bewiesen worden. Doch gibt es Pflanzen, die man als halophil oder besser als natrophil bezeichnet, bei denen dieses Ion zweifellos günstige Wirkung ausübt, wenn auch hier von einer eigentlichen Lebensnotwendigkeit nicht gesprochen werden kann. Solche Pflanzen sind z. B. die Betarüben und die Gerste. Es scheint, als ob gewisse Nebenwirkungen des K-Ions, die sich z. B. auf Ionen-Ladungsausgleich oder andere elektrochemische Vorgänge beziehen, durch Natrium-Ionen gegebenenfalls übernommen werden können, wenigstens bei diesen Halophilen. Es ist aber unmöglich, das Kalium-Ion vollständig oder auch nur zum größten Teil durch das Natrium-Ion zu ersetzen; die eigentlichen für die Pflanzen lebenswichtigen physiologischen Funktionen des Kaliums können also niemals durch Natrium übernommen werden.

Der Gehalt einiger Pflanzen bzw. Organe an Ca, Mg, K, Na beträgt etwa (ausgedrückt in Prozent des Trockengewichtes):

	K_2O	Na_2O	MgO	CaO
Erbsensamen	1,2	0,03	0,22	0,13
Leinsamen	1,1	0,08	0,5	0,3
Getreide, Körner	0,5	0,04	0,23	0,07
Getreidestroh	1,2	0,2	0,1	0,4
Tabakblätter.	5,0	0,5	1,25	6,2
Luzerne, ganze Pflanze .	1,75	0,15	0,35	3,0
Kartoffel, Knollen . . .	2,3	0,1	0,2	0,1
Zuckerrübe, Wurzel . .	2,0	0,35	0,30	0,25
Zuckerrübe, Blätter . .	3,9	2,0	1,7	3,1

Ca, Mg, K und Na werden in Ionenform entweder von den Pflanzen aus der Bodenlösung (Voll-Ionen) oder durch Basenaustausch aus den Sorptionskomplexen des Bodens entnommen (Ultra-Ionen). Dabei ist interessant, daß die im Sorptionskomplex gebundenen Ionen in folgenden Mengen dortselbst enthalten sind (die Angaben sind Prozente, bezogen auf die Gesamtmenge der im Sorptionskomplex gebundenen Ionen):

CaO . . .	76—79%
MgO . . .	13%
Na_2O . . .	6—8%
K_2O . . .	2—3%

Kalium ist somit am wenigsten im Sorptionskomplex vorhanden, obwohl die Kulturpflanzen etwa 60—200 kg/ha K_2O im Jahr benötigen. Daraus ist schon zu entnehmen, wie wichtig eine Zufuhr von Kalidüngermitteln für ein optimales Pflanzenwachstum ist. Der ungefähre Bedarf der Kulturpflanzen an Magnesium kann mit etwa 10—30 kg/ha MgO je Jahr veranschlagt werden. Wegen des hohen Wirkungsfaktors des Magnesiums wird dieses Ion daher nur unter besonderen Umständen, wie schon erwähnt, ins Minimum kommen. Calcium ist somit, wie aus obigen Zahlen hervorgeht, in besonders großer Menge im Boden enthalten. Die Kulturpflanzen benötigen im Vergleich zu diesen großen Vorräten gesunder Böden an Calcium nur relativ geringe Mengen, nämlich Raps und Leguminosen etwa 100—200 kg CaO, Hackfrüchte 70 bis 90 kg und Getreide etwa 20—40 kg CaO je Hektar und Jahr.

Wenn trotzdem die meisten unserer Böden an Kalkmangel leiden, so bezieht sich diese Feststellung weniger auf den Mangel an Ca-Ionen als Nährstoff, sondern auf die Rolle des Kalkes als wesentlichem Element der Bodenfruchtbarkeit, somit auf seine Aufgaben in kolloidchemischer Hinsicht beim Aufbau des Bodens, worüber mehr im Abschnitt „Boden" erörtert werden wird.

9. Chlor als Nährstoff

Der Gehalt der Pflanzen an Chlor ist etwa folgender:

Getreide, Körner, Leguminosensamen	0,01–0,04%	Cl des Trockengewichtes
Getreidestroh	0,25%	Cl des Trockengewichtes
Wurzeln der Runkelrüben	0,75%	Cl des Trockengewichtes
Blätter der Runkelrübe	2,5%	Cl des Trockengewichtes
Kartoffel, Knollen	0,13%	Cl des Trockengewichtes
Tabakblätter	1,15%	Cl des Trockengewichtes

Die bisherigen Versuche haben nun ergeben, daß von einer eigentlichen Lebensnotwendigkeit des Chlors für die Pflanzen nicht gesprochen werden kann, obwohl es zweifellos solche gibt, für die Chlor sehr günstig wirkt; solche Pflanzen werden als chlorophil bezeichnet. Demgegenüber ist bei den sogenannten chlorophoben Pflanzen festzustellen, daß bei ihnen durch Chlorzufuhr die Qualität der Ernteprodukte sichtlich leidet, sie somit vom Chlor in ihren Qualitätseigenschaften ungünstig beeinflußt werden. Zu den chlorophilen Pflanzen gehören Sellerie, Spinat, Porree, Luzerne, Rettich, Mangold, Rote Rüben, Futterrüben, Zuckerrüben; zu den chlorophoben Buschbohnen, Puffbohnen, Radies, Tomaten, Gurken, Kartoffeln, Wein, Tabak, Obstbäume. Bei der Beurteilung der physiologischen Wirkung des Chlor-Ions ist zu beachten, daß es als hydrophiles Ion den Wassergehalt der Gewebe steigert und damit im Gegensatz zum hydrophoben Sulfat-Ion steht. Interessant und ernährungsphysiologisch wichtig ist die Beobachtung von Schmalfuß, daß in den Betarüben das von diesen Pflanzen stark gespeicherte Nitrat-Ion durch Düngung mit Chloriden verdrängt und dadurch das für die tierische Ernährung wertlose Nitrat-Ion für die Eiweißsynthese verwertet werden kann. Das Nitrat-Ion, das hier als gespeichertes Ion wohl nur ionogene Funktionen zu erfüllen hat, wird dadurch in diesen seinen Aufgaben vorteilhafterweise durch das Chlor-Ion vertreten. Für Fragen der Qualitätsbeeinflussung ist es daher sehr wesentlich, daß in Zukunft das Verhalten der verschiedenen landwirtschaftlichen und gärtnerischen Kulturpflanzen zum Chlor viel eingehender als bisher studiert wird.

10. Silicium als Nährstoff

Der Gehalt der Pflanzen an Silicium ist sehr schwankend, wie aus folgenden Zahlen zu entnehmen ist:

Kartoffel, Knollen	0,09% SiO_2	des Trockengewichtes.
Zuckerrübenwurzel	0,09% SiO_2	des Trockengewichtes
Roggen, Körner	0,04% SiO_2	des Trockengewichtes
Weizen, Körner	0,04% SiO_2	des Trockengewichtes
Gerstenkörner	0,7% SiO_2	des Trockengewichtes
Haferkörner	1,2% SiO_2	des Trockengewichtes
Getreidestroh	3,0% SiO_2	des Trockengewichtes

Daraus ist ersichtlich, daß besonders das Getreidestroh reich an Kieselsäure ist, auch Grannen, Spelzen, ältere Blätter, Schachtelhalme und die Rinde älterer Bäume. Während noch Liebig die Überzeugung vertrat, daß Silicium ein unbedingt nötiger Pflanzennährstoff sei, meinte man später, daß es kein lebenswichtiger Nährstoff im Sinne eines Makroelements für die Pflanze wäre. Sehr genaue Wasserkulturversuche neuester Zeit haben jedoch bewiesen, daß Silicium in der Größenordnung eines Spurenelements lebensnotwendig ist; bei seinem Fehlen werden die anderen Nährstoffe schlecht ausgenutzt und die Gramineen werden leicht von Krankheiten befallen, insbesondere von Mehltau. Über die physiologischen Aufgaben des Siliciums ist man allerdings noch wenig unterrichtet. Manche Forscher beobachteten, daß auf phosphorarmen Böden eine Siliciumdüngung den Ertrag erhöhte. Wenn auch selbstverständlich dieses Element nicht imstande ist, die Aufgaben des Phosphors in der Pflanze zu übernehmen, so erscheint doch die Löslichkeit der Bodenphosphorsäure durch die gleichzeitige Anwesenheit der Kieselsäure erhöht zu werden. Weniger wahrscheinlich ist die Annahme, daß die Kieselsäure die Aufnahmebereitschaft der Pflanze für Phosphor zu steigern vermag.

11. Die Spurenelemente (Mikronährstoffe)

Während bis vor kurzem in der Pflanzenernährungslehre die Auffassung bestand, daß etwa 10 Elemente für das Gedeihen der höheren Kulturpflanzen vollkommen genügten und mit diesen zehn Grundstoffen optimale Ernten zu erzielen seien, vorausgesetzt, daß sie in genügender Menge und im richtigen ausgeglichenen Verhältnis anwesend wären, ist man in der letzten Zeit zur Erkenntnis gekommen, daß für eine geregelte Ernährung der Pflanzen eine viel größere Anzahl von Elementen nötig ist. Dabei handelt es sich durchweg um Substanzen, deren Anwesenheit in sehr geringen Mengen bereits völlig genügt, die Pflanzen mit ihnen ausreichend zu versorgen. Meistens ist eine höhere Konzentration der Stoffe in der Nährlösung für die Pflanze sogar von Schaden. Weil sie daher schon in Spuren wirken und manchmal auch nur in geringen Mengen in den natürlichen Nährsubstraten der Pflanze enthalten sind, nennt man sie für gewöhnlich Spurenelemente. Man nennt sie heute auch zum Unterschied zu den Makroelementen Mikroelemente bzw. Mikronährstoffe, soweit sie tatsächlich lebensnotwendig sind. Man weiß heute, daß von diesen Stoffen Bor, Mangan, Kupfer, Zink und Molybdän unbedingt für die Pflanzen lebensnotwendig sind. Schon frühzeitig versuchte man Beziehungen zwischen der physiologischen Bedeutung der Elemente und ihrer Stellung im periodischen System aufzufinden. Eine sehr eingehende Untersuchung hat Pirschle über die physiologische Wirkung homologer Ionenreihen angestellt, indem er die Wirkung der Ionen der Alkalien, Erdalkalien und Halogene auf das Wachstum von Keimlingen verschiedener Pflanzen verfolgte. Dabei ergab sich, daß in der Alkalien-Reihe beim Kalium, in der Erdalkalien-Reihe beim Calcium und in der Halogen-Reihe beim Chlor die geringste Giftwirkung festzustellen war, d. h. im allgemeinen bei den Ionen vom Typus des Argon. Die physiologische Wirkung innerhalb einer Reihe ist, wie er fand, keine Funktion der Ordnungszahlen, sondern die Giftwirkung nimmt von den Ionen vom Argon-Typus aus nach beiden Seiten zu, und zwar rascher in der Richtung zu den Ionen des Helium-Typus (somit Richtung Lithium, Beryllium, Fluor) als zu denen vom Xenon-Typus (Richtung Cäsium, Barium, Jod). Frey-Wyssling machte darauf aufmerksam, daß alle für die Pflanze lebensnotwendigen Elemente im periodischen System an der Verbindungslinie vom Kohlenstoff zum Argon liegen, einer Geraden, die er als „Nährstofflinie“ bezeichnet. Die zehn klassischen Elemente sind nicht auf alle Reihen des periodischen Systems verteilt; während bisher in den Reihen III und VII keine lebensnotwendigen Grundstoffe festzustellen waren, sind diese Lücken durch die Auffindung des Bor- (III. Reihe) und Mangan- (VII. Reihe) Bedürfnisses der Pflanze geschlossen worden; mithin wurde bewiesen, daß für ein optimales Pflanzenwachstum Elemente aus allen acht Reihen des periodischen Systems erforderlich sind. Aus dieser Nährstofflinie können nicht nur Gesetzmäßigkeiten über die Giftigkeit der Ionen in homologen Reihen aus dem periodischen System erkannt werden, sondern die gegenseitige Vertretbarkeit einzelner Elemente ist daraus ersichtlich.

Die Stellung der für die Pflanze lebensnotwendigen Grundstoffe im periodischen System der Elemente

Gruppe: Periode	0	I	II	III	IV	V	VI	VII	VIII	0
								H		He
1	He	Li	Be	B	C	N	O	F		Ne
2	Ne	Na	Mg	Al	Si	P	S	Cl		Ar
3	Ar	K	Ca	Sc	Ti	V	Cr	Mn	Fe Co Ni	
		Cu	Zn	Ga	Ge	As	Se	Br		Kr
4	Kr	Rb	Sr	Y	Zr	Nb	Mo	Ma	Ru Rh Pd	
		Ag	Cd	In	Sn	Sb	Te	J		X'
5	X	Cs	Ba	Selt. Erden	Hf	Ta	W	Re	Os Ir Pt	
		Au	Hg	Tl	Pb	Bi	Po	—		Rn
6	Rn	—	Ra	Ac	Th	Pa	U			

Bor. Die größte Bedeutung unter den Spurenelementen hat für die Praxis der Landwirtschaft unzweifelhaft das Bor, insbesondere bei der Herz- und Trockenfäule der Betarüben, der Glasigkeit der Brassica-Rüben, der Gelbspitzigkeit des Leins, verschiedener Mangelerscheinungen bei Gemüsen. Neuere Forschungen haben ergeben, daß alle Pflanzen borbedürftig sind. Normalerweise wird aber der Borbedarf der meisten Pflanzen durch das vorhandene Bodenbor gedeckt. Dies ist der Grund, daß unter praktischen Verhältnissen der Landwirtschaft meist nur wenige Kulturpflanzen einer zusätzlichen Bordüngung bedürfen. Mit fortschreitender Intensivierung der Landwirtschaft und des Gartenbaues ist jedoch zu erwarten, daß bei vielen Kulturpflanzen Bormangelerscheinungen auftreten werden, bei denen man heute derartige Schäden noch nicht beobachtet. Die physiologische Bedeutung des Bors für das Pflanzenwachstum ist bisher noch nicht einwandfrei geklärt. Es ist zu vermuten, daß die Ursache in einer kolloidaktiven Wirkung liegt, weil die Gegenwart von Bor den normalen Quellungszustand des Plasmas bedingt. Eine Boranreicherung wurde schon früher im Nektar tropischer Wasserrosen festgestellt. Richard Kuhn fand, daß bei Grünalgen die Borsäure als anorganisches Androtermon wirkt.

Kupfer wird in der praktischen Düngung hauptsächlich bei der Bekämpfung der Urbarmachungskrankheit oder Heidemoorkrankheit angewendet. Das Hauptverbreitungsgebiet der Heidemoorkrankheit ist auf stark podsolierten Böden zu finden; durch starke Auswaschung ist ein großer Teil des ursprünglich vorhandenen Kupfers verloren gegangen. Die zur Heidemoorkrankheit neigenden Böden haben von Natur aus einen sehr geringen Kupfervorrat; das wenige vorhandene Kupfer wird in den obersten Schichten durch Sorption an den Heidehumus festgelegt. Dadurch wird die Tatsache erklärt, daß die Stärke der Urbarmachungskrankheit auf Heideböden mit deren Humusgehalt zunimmt, während auf reinem Sand nur selten Schäden zu beobachten sind. Die einzelnen Kulturpflanzen verhalten sich gegenüber Kupfermangel unterschiedlich. Besonders Weiß- und Gelbhafer, Sommer- und Wintergerste sowie Weizen sind sehr leicht anfällig, am wenigsten neigen zu dieser Erkrankung Roggen, Kartoffeln, Serradella, Weißklee und Buchweizen. Der Kupfermangel bewirkt in erster Linie eine Störung des generativen Wachstums, wogegen die vegetative Entwicklung weniger beeinträchtigt wird. Gewöhnlich genügen zur Behebung der Urbarmachungskrankheit 50—100 kg/ha Kupfersulfat. Hohe Kalkgaben verstärken die Mangelerscheinungen. Die Frage nach der eigentlichen Bedeutung des Kupfers für die Pflanzenernährung kann wohl heute in dem Sinne beantwortet werden, daß das Kupfer bei gewissen Enzym-Systemen, z. B. Oxydasen, als prosthetische Gruppe auftritt; so ist z. B. die Kartoffeloxydase ein Kupferproteid mit einem Kupfergehalt von 0,165%.

Mangan. Manganverbindungen werden heute in großem Ausmaße für die Bekämpfung der Dörrfleckenkrankheit, auch moorkoloniale Krankheit genannt, verwendet. Am stärksten wird von dieser Dörrfleckenkrankheit der Hafer befallen, weniger die anderen Getreidearten. Zu ihrer Bekämpfung ist die Zufuhr von Mangan in Form von Mangansulfat erforderlich, je nach der Stärke der Erkrankung 100—150 kg/ha Mangansulfat.

Was die physiologische Wirkung des Mangans anbelangt, so scheint es ebenfalls eine wichtige Rolle als prosthetische Gruppe von Enzymen zu spielen. Zweifellos kann es auch als Redox-System auftreten. Manche Forscher vertreten die Auffassung, daß Mangan als Katalysator der Grundatmung der höheren Pflanze wirkt, bzw. die Nitratreduktion katalysiert. Es gibt ausgesprochen manganophile Pflanzen z. B. Reis, Hafer und Spinat. Die Mangangehalte der Pflanzen zeigen viel größere Schwankungen als die Kupfergehalte, wobei ein gewisser Antagonismus zwischen den beiden Elementen zu beobachten ist. Kupfer ist besonders in den Samen, Mangan in den Blättern angehäuft; ältere Blätter zeigen mehr Mangan als jüngere, beim Kupfergehalt ist es umgekehrt. Das Kupfer ist in der Zelle überwiegend an Eiweiß, Mangan hauptsächlich anorganisch gebunden.

Während Mangan sowohl die Kupfer- wie die Eisenaufnahme der Pflanze hemmt, fördert Kupfer die Eisen-, vermindert aber die Manganaufnahme. Kupfer übt vor allem auf das generative, Mangan auf das vegetative Wachstum der Pflanze einen Einfluß aus. Der durch das Mangan in der Pflanze verursachte Eisenmangel vermindert die durch die Eisensysteme katalysierten Oxydationen, was eine Anhäufung von Kohlenhydraten bewirkt, eine Erscheinung, die durch die unmittelbare Wirkung des Mangans auf die Photosynthese noch gefördert wird.

Zink. Daß das Zink für das Wachstum höherer Pflanzen notwendig ist, kann aus verschiedenen Mangelerscheinungen geschlossen werden, die durch Zinkzufuhr heilbar sind. Besonders in Amerika hat man solche Mangelerscheinungen beobachtet, besonders bei Citrusfrüchten, beim Weinstock, beim Mais, Obstbäumen und Ölbäumen. Vor allem auf den zinkarmen Landstrichen von Florida wirkt das Zink günstig zu den Kulturpflanzen. Auch Zink scheint als prosthetische Gruppe verschiedener Enzymsysteme physiologisch zu wirken.

Molybdän. Man fand, daß dieses Element auf das Wachstum von Azotobacter chroococcum in stickstofffreier Nährlösung eine besonders günstige Wirkung ausübt. Die Stickstoffbindung wird durch Molybdän gefördert, wobei dieses Element durch Vanadium ersetzt werden kann, nicht aber durch Wolfram. Auch bei Leguminosen wird Förderung des Wachstums durch Molybdän erzielt. Manche Forscher meinen, daß das Molybdän die Nitratreduktion katalysiert. Im Jahr 1939 haben amerikanische Forscher festgestellt, daß Molybdän ein unbedingt notwendiges Element für die Ernährung höherer Kulturpflanzen ist, wobei allerdings bereits eine Konzentration von Molybdän-Säure in einer Kulturlösung von 1 zu 100000000 Teilen Mangelerscheinungen unterdrückt. Schon früher haben deutsche Forscher festgestellt, daß Molybdän günstig auf kleemüde Böden einwirkt, vermutlich deshalb, weil es die Buttersäure-Bildung hemmt, die eine der Ursachen der Bodenmüdigkeit zu sein scheint.

Cobalt. Seit man weiß, daß Cobalt ein wesentlicher Bestandteil des Vitamins B_{12} ist, wird vermutet, daß wohl auch für die Pflanzen das Cobalt lebensnotwendig sein dürfte. Jedenfalls ist der Cobaltgehalt von Böden und Pflanzen wichtig für den Gesundheitszustand der Tiere.

Erwähnt sei, daß bei Mangelerscheinungen eine günstige Wirkung zusätzlich verabreichter Spurenelemente sich nur dann voll entfalten kann, wenn auch mangelnde Hauptnährstoffe den Pflanzen zugeführt werden. Bloße Zufuhr fehlender Spurenelemente kann daher nie als Ersatz fehlender Hauptnährstoffe dienen und nur bei ausreichender Ernährung mit den Makronährstoffen können die Mikronährstoffe ihre optimale Wirkung entfalten.

12. Die Ernährung der Keimpflanze

Da die Keimpflanze noch kein Chlorophyll besitzt, ist sie nicht autotroph, sondern heterotroph; sie ist gezwungen, von den Nährstoffreserven des Samens zu leben. In diesem sind die Nährstoffe in hochmolekularer, unlöslicher Form vorhanden; sie müssen daher beim Keimungsprozeß durch Enzyme (Hydrolasen) in lösliche, transportfähige Substanzen übergeführt werden. Da in erster Linie Stärke in Samen als Reservestoff gespeichert wird, muß dieses Polysaccharid zu Glukose abgebaut werden, die hierauf behufs Energiegewinnung zu Kohlensäure und Wasser oxydiert wird. Auch die Fette werden durch Hydrolyse aufgespalten und über Kohlenhydrate oxydiert, wobei natürlich die ungesättigten Fettsäuren rascher als die gesättigten dem Abbau unterliegen. Das Reserveeiweiß des Samens wird zu Aminosäuren hydrolysiert und diese teilweise desaminiert. Damit alle diese Prozesse vor sich gehen können, muß Wasser und Sauerstoff zugeführt werden, und eine bestimmte Temperatur vorhanden sein. Bei einigen wichtigen Kulturpflanzen liegt das Keimungsminimum bzw. -optimum bei folgenden Temperaturen:

	Minimum Grad Celsius	Optimum Grad Celsius
Roggen	1—2	25
Weizen	3—4	25
Gerste	3—4	20
Hafer	4—5	25
Mais	8	33
Erbse	1—2	30
Lupine	4—5	28
Bohne	10	32
Zuckerrübe	4—5	25
Kartoffelknolle	7—9	—

Da die Keimpflanze in hohem Grad Oxydationsprozesse zur Energiegewinnung durchführen muß, tritt bei der Keimung ein wesentlicher Stoffverlust bis zu 30% der ursprünglichen Trockensubstanz auf. Vor allem ist somit der Sauerstoff- und Wasserverbrauch der Keimpflanze groß. Erst nach Ausbildung des Chlorophyllapparates wird die junge Pflanze befähigt, aus der heterotrophen zur autotrophen Lebensweise überzugehen.

13. Die Aufnahme der Nährstoffe

Die für die Photosynthese nötige Kohlensäure wird von den Pflanzen mittels der Blattöffnungen aus der Atmosphäre, alle anderen Nährstoffe einschließlich Wasser aus dem Boden entnommen. Die benötigten Mineralstoffe gelangen in Form ihrer Ionen zur Aufnahme, entweder als Voll-Ionen aus der Bodenlösung oder als Ultra-Ionen aus den Sorptionskomplexen durch Austausch mittels der durch die Wurzeln ausgeschiedenen Wasserstoff-Ionen. Nach Vageler-Alten bestehen zwischen der Kationen-Aufnahme aus dem Sorptionskomplex des Bodens und der von der Pflanze entwickelten Kohlensäure enge Zusammenhänge. Das Wasser wird von den Pflanzenzellen auf osmotischem Wege aufgenommen. Dabei ist zu berücksichtigen, daß im Zellsaft verschiedene Stoffe gelöst sind, so daß aus einer wäßrigen Lösung geringer Konzentration hauptsächlich Wasser aufgenommen wird, theoretisch so lange, bis auf beiden Seiten der halbdurchlässigen Zellmembran, also Zellsaft und Außenlösung, Konzentrationsgleichgewicht vorhanden ist, somit praktisch, bis sich die Zelle im Zustand ihrer Turgeszenz oder vollen Wassersättigung befindet. Ist jedoch diese Sättigung nicht erreicht, so tritt eine Saugkraft von etwa 5—15 atm auf, so daß die Wasseraufnahme der Zelle im allgemeinen gesichert erscheint. Für die im Wasser gelösten Stoffe erfolgt die Aufnahme durch die Pflanze je nach deren verschiedener Permeabilität durch die Pflanzenmembran. Die in Frage kommenden Substanzen sind entweder anorganische Stoffe (Elektrolyte) oder organische Stoffe (Anelektrolyte). Auf Grund der Lipoidtheorie permeieren die organischen Verbindungen je nach ihrer Fettlöslichkeit verschieden rasch durch die Plasmamembran, die von fettartigen Phosphatiden durchsetzt gedacht wird. Dagegen vertritt die Ultrafilter-Theorie die Auffassung, daß die Größe der Moleküle die Permeiergeschwindigkeit beeinflußt, wobei die Plasmamembran als feinmaschiges Ultrafilter betrachtet wird. Große Moleküle vermögen daher nur zu permeieren, falls sie lipoidlöslich sind. Für die Permeabilität der anorganischen Stoffe ist wesentlich, ob ihre Ionen stark oder schwach hydratisiert sind; hydrophile Ionen permeieren schnell, hydrophobe langsam, weshalb besonders das Calcium-Ion zellabdichtend wirkt. Die Ladung der Plasmakolloide beeinflußt ebenfalls die Aufnahme der anorganischen Ionen durch die Zelle. Sauren Lösungen gegenüber verhalten sich die Eiweißkörper positiv, weshalb aus diesen Lösungen hauptsächlich Anionen aufgenommen werden. Gegenüber alkalischen Lösungen nehmen die Plasma-Eiweiße negative Eigenschaften an, es werden daher vor allem aus der Lösung Kationen entnommen. Grundsätzlich können jeweils nur Ionen-Paare im elektrostatischen Gleichgewicht permeieren. Meist werden aber die beiden Ionen eines Salzes verschiedene Permeabilität zeigen, wodurch sich ein Ionen-Umtausch an den Grenzflächen des Plasmas abspielen muß. Für aufgenommene Kationen werden in erster Linie Wasserstoff-Ionen, für Anionen Bikarbonat- oder Hydroxyl-Ionen verwendet. Dieser Umtausch muß dann besonders eine Rolle spielen, falls wichtige Pflanzennährstoffe, die in der Pflanze unbedingt benötigt werden, in Ionenform zur Aufnahme gelangen. Ein solches Ion wird meist bei der Stoffproduktion oder im Betriebsstoffwechsel ziemlich rasch verbraucht, schneller als das daran gebundene, entgegengesetzt geladene Ion. Aus Natriumnitrat-Lösungen wird das Nitrat-Ion z. B. bevorzugt aufgenommen; es müssen daher Bikarbonat- oder

Hydroxyl-Ionen von den Pflanzen ausgetauscht werden, was eine Verschiebung der Reaktion der Nähr- bzw. Bodenlösung ins alkalische Gebiet bewirkt. Man nennt diesen Vorgang, bei dem durch bevorzugte ernährungsphysiologische Aufnahme eines Ions aus der Lösung eines Nährsalzes oder Düngermittels eine Änderung der Reaktion im Nährsubtrat erzeugt wird, die physiologische Reaktion des Nährsalzes oder Düngermittels. Das Natriumnitrat ist somit ein physiologisch alkalisches Nährsalz bzw. Düngermittel. Aus der Lösung von Ammoniumsulfat werden dagegen bevorzugt Ammonium-Ionen aufgenommen, wobei aus der Zelle Wasserstoff-Ionen zum Austausch abgegeben werden müssen, was eine Änderung der Reaktion im Sinne der Erhöhung der Acidität zur Folge hat; Ammoniumsulfat wird daher ein physiologisch saures Nährsalz oder Düngermittel genannt.

So groß somit das Vermögen der Pflanze ist, lebenswichtige Substanzen bevorzugt aufzunehmen, so ist sie doch nicht in der Lage zu verhindern, daß auch andere Substanzen aufgenommen werden, die sie nicht benötigt. Im allgemeinen ist zu sagen, daß die Mineralstoffaufnahme der Pflanze von der Menge des durch die Pflanze strömenden Transpirationswassers abhängt. Die Menge an aufgenommenen Nährstoffen wird aber ebenso weitestgehend durch die Größe des Wurzelsystems beeinflußt. Die durch die Wurzelatmung ausgeschiedene Kohlensäure bedingt das Aneignungs- und Aufschließungsvermögen der Kulturpflanze. Die junge Pflanze nimmt an Nährstoffen relativ mehr als die ältere auf, weshalb junge Pflanzen immer höhere Anteile an Stickstoff und mineralischen Nährstoffen besitzen als ältere; die Nährstoffaufnahme der Pflanze geht ihrer Trockensubstanzbildung voraus.

Man spricht heute in der Pflanzenernährung vielfach von der Harmonie der Nährstoffe, worunter man der Forderung Ausdruck geben will, daß es nicht allein genügt, den Pflanzen die erforderlichen Mengen an Nährstoffen zu verabreichen, sondern daß auch das Verhältnis der einzelnen Nährstoffe ein richtiges, ein „harmonisches" sein muß. Man hat diese Tatsache auch in sogenannten Nährstoffverhältnissen auszudrücken versucht, die allerdings mehr grobe Faustregeln als wirklich exakt wissenschaftliche Ausdrücke für die erforderlichen Nährstoffe darstellen, zumal diese Verhältniszahlen von verschiedenen Faktoren (Umwelt, Sorte, Alter) abhängen. In großen Umrissen dargestellt, beträgt dieses Verhältnis für die meisten Kulturpflanzen etwa $N:P_2O_5:K_2O:CaO = 1:0{,}5:(1{,}2-2{,}2):(0{,}3-1{,}2)$; für die Leguminosen wegen ihres hohen Stickstoffgehaltes 1:0,2:0,6:0,6.

14. Wachstumsgesetz

Justus von Liebig hat bezüglich des Verhältnisses zwischen Nährstoffzufuhr und Ertrag das sogenannte Gesetz des Minimums aufgestellt, das besagt, daß der Pflanzenertrag von dem im Minimum vorhandenen Nährstoff abhängt. E. A. Mitscherlich hat dann später das sogenannte Wirkungsgesetz der Wachstumsfaktoren entwickelt, das in mathematischer Fassung lautet:

$$\frac{dy}{dx} = c\,(A-y)$$

X ist die Menge des zugeführten Nährstoffes, y die Menge des dadurch erzeugten Ertrages, A der überhaupt durch den betreffenden Nährstoff mögliche Höchstertrag, c eine Konstante, der sogenannte Wirkungswert des Wachstumsfaktors. Integriert und entsprechend umgeformt lautet das Gesetz

$$\log (A-y) = \log A - c \cdot x.$$

Nach Mitscherlich ist dieser Wirkungswert oder Wirkungsfaktor für Kalium bei Anwesenheit von Natrium 0,93, für Kalium bei Abwesenheit von Natrium 0,33, für P_2O_5 0,60, für N 0,122; seit neuestem gibt Mitscherlich für Kalium = 0,4 für Stickstoff 0,2 an. Als Einheit eines Nährstoffes definiert Mitscherlich diejenige Menge, die gerade 50% des Höchstertrages erzeugt. Die graphische Darstellung des Gesetzes gibt eine logarithmische Kurve; in Worten ausgedrückt, definiert er das Wirkungsgesetz der Wachstumsfaktoren folgendermaßen: „Der Pflanzenertrag wird durch eine große Reihe von Wachstumsfaktoren bedingt, deren jeder einen ganz bestimmten qualitativen und quantitativen Einfluß auf die Höhe des Ertrages ausübt. Mit der Steigerung eines jeden dieser Faktoren steigt der Pflanzenertrag proportional dem Ertrag, welchen an dem unter den gegebenen Bedingungen erzielbaren Höchstertrag fehlt. Dieser Anstieg muß um so schneller erfolgen, je größer der dem einzelnen Wachstumsfaktor typische Wirkungsfaktor ist und je geringere Mengen des betreffenden Wachstumsfaktors der Pflanze bisher zur Verfügung standen."

Mitscherlich unterscheidet innere und äußere Wachstumsfaktoren; die inneren sind Faktoren, die durch Züchtung zu beeinflussen sind, die äußeren zerfallen in klimatische (Licht, Wärme, Niederschläge) und bodenkundliche (Wasser und Nährstoffe) Fakto-

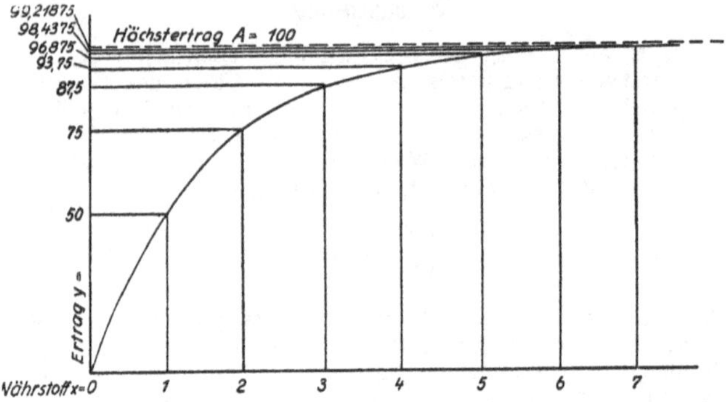

ren. Der Wirkungswert der Wachstumsfaktoren ist nach dem genannten Forscher unter allen Umständen als konstant zu betrachten. Je größer der Wirkungswert c für einen Nährstoff ist, desto höhere Ertragssteigerung erbringt die Gewichtseinheit dieses Nährstoffes, wie folgende Kurve zeigt:

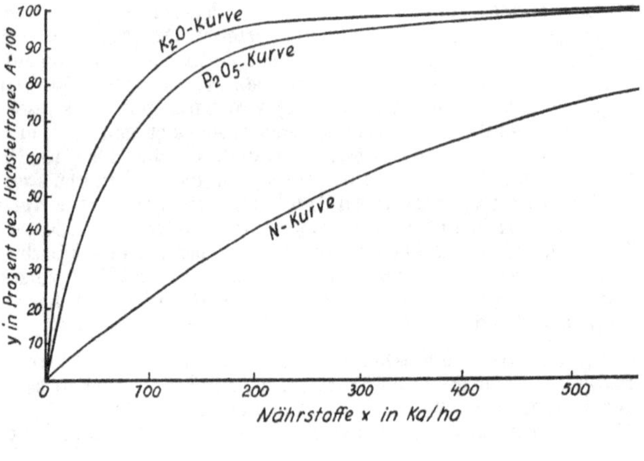

Für Magnesium ist c = 2,0, für Schwefel c = 15,0. Sehr groß scheint der Wirkungsfaktor bei den Spurenelementen zu sein. Eine wesentliche Erkenntnis des Wirkungsgesetzes von Mitscherlich ist, daß die Ertragssteigerung bei gleichmäßig steigender Nährstoffzufuhr immer geringer wird. (Gesetz des abnehmenden Ertragszuwachses.)

III. Der pflanzliche Stoffwechsel

1. Kohlenhydratstoffwechsel

Die durch die Photosynthese gebildeten Kohlenhydrate werden als Reservestoffe gespeichert, zur Energiegewinnung veratmet, als Aufbaustoffe für Gewebe und Zellwandgerüste verwendet und schließlich zur Bildung anderer wichtiger Stoffe verwertet. Die Speicherung als Reserve-Kohlenhydrate erfolgt in Samen, Früchten, Wurzeln, Knollen und Blättern in Form von Stärke, Inulin und Saccharose. Weitaus der größte Teil der Kohlenhydrate wird bei der Dissimilation (Atmung) verbraucht, um die für die Lebensvorgänge notwendige Energie zu decken nach der summarischen Gleichung:

$$C_6H_{12}O_6 + 6\,O_2 = 6\,CO_2 + 6\,H_2O + 674\text{ Cal.}$$

In Wirklichkeit ist dieser Prozeß der Endoxydation äußerst verwickelt und zerfällt in viele Teilvorgänge unter der Wirkung von Enzymen, vor allem Dehydrasen, Redoxasen und Oxydasen. Die Bildung von Gerüstsubstanzen aus den primären Produkten der Photosynthese erfolgt durch Erzeugung von Zellulosen, Hemizellulosen, Ligninen, Pektinen, Pentosanen und anderen Substanzen. Schließlich werden überschüssige Kohlenhydrate in Fette verwandelt oder im Verein mit aufgenommenen Stickstoffverbindungen zu Eiweiß aufgebaut.

2. Fettstoffwechsel

Die Fettbildung erfolgt in der Pflanze aus Kohlenhydraten. Da die Fette wesentlich energiereicher als die Kohlenhydrate sind und sie mehr Kohlenstoff und Wasserstoff bzw. weniger Sauerstoff als die Kohlenhydrate besitzen, ist die Überführung der Kohlenhydrate in Fette ein Reduktionsprozeß, der deshalb nur durchgeführt werden kann, wenn Energie zur Verfügung steht. Die hierfür nötige Energie wird jedoch nicht unmittelbar durch das Licht zugeführt, d. h. die Überführung der Kohlenhydrate in Fette ist kein photochemischer Prozeß, sondern sie geschieht so, daß ein Teil der überschüssigen Kohlenhydrate oxydiert wird und die dadurch gewonnene Energie zur Reduktion des verbliebenen Teils der Kohlenhydrate dient. Es ist jedoch klar, daß dort am meisten Fett gebildet werden wird, wo infolge ausgezeichneter Bedingungen für die Photosynthese ein Übermaß an Kohlenhydraten zu erzeugen gelang.

Je kräftiger die Reduktion, desto gesättigtere Fettsäuren bzw. Fette mit niederer Jodzahl werden entstehen, worauf bereits russische Forscher hingewiesen haben und K. Schmalfuß in anderem Zusammenhang wieder besonders aufmerksam macht. Je höher somit die Standortstemperatur der betreffenden Fettpflanze ist, desto gesättigtere Fette werden gebildet werden und umgekehrt, wie z. B. aus folgender Übersicht hervorgeht:

Herkunft des Leins		Jodzahl des Öles
Archangelsk	(64° 30 Min. n. Br.)	195–204
Leningrad	(59° 44 Min. n. Br.)	185–190
Moskau	(55° 50 Min. n. Br.)	178–182
Woronesh	(51° 40 Min. n. Br.)	170
Kuban-Odessa	(45° 46 Min. n. Br.)	163
Taschkent	(41° 26 Min. n. Br.)	154–158

Die Fette bilden sich aus den Kohlenhydraten wohl in der Weise, daß die Monosaccharide in ihre Abbauprodukte umgewandelt werden, aus denen sich dann die beiden wichtigsten Komponenten der Fette, nämlich Glyzerin und Fettsäuren bilden. Durch die Veresterung dieser beiden Komponenten entstehen schließlich die Fette. Wie diese Vorgänge im einzelnen erfolgen, ist zwar noch nicht restlos geklärt; doch ist anzunehmen, daß der Acetaldehyd dabei ein wichtiges Zwischenprodukt darstellt; er und das ebenfalls notwendige Glyzerin können sich aus Glukose nach der sogenannten zweiten Vergärungsart von Neuberg bilden, falls der Acetaldehyd durch Bisulfit abgefangen wird.

$$\underset{\text{Glukose}}{C_6H_{12}O_6} \longrightarrow \underset{\text{Glyzerin}}{C_3H_8O_3} \longrightarrow \underset{\text{Acetaldehyd}}{CH_3CHO}$$

Die Verkettung des Aldehyds kann z. B. durch Aldolkondensation erfolgen nach dem Schema:

$$CH_3CHO + CH_3CHO \longrightarrow CH_3 \cdot CHOH \cdot CH_2 \cdot CHO.$$

Dieses Aldol kann zur β-Oxybuttersäure dismutiert werden. Durch Wasserabspaltung entsteht daraus die Crotonsäure, welche durch Hydrierung in Buttersäure übergeht:

$$\underset{\beta\text{-Oxybuttersäure}}{CH_3 \cdot CHOH \cdot CH_2 \cdot COOH} \longrightarrow \underset{\text{Crotonsäure}}{CH_3 \cdot CH = CH \cdot COOH}$$

$$\longrightarrow \underset{\text{Buttersäure}}{CH_3 \cdot CH_2 \cdot CH_2 \cdot COOH}$$

Oder es kann auch durch Aldolkondensation aus dem Aldehyd zunächst das Aldol entstehen, dieses kann durch Wasserabspaltung in Crotonaldehyd verwandelt werden und daraus sich durch Hydrierung Butylaldehyd bilden:

$$\underset{\text{Acetaldehyd}}{2\,CH_3\,CHO} \longrightarrow \underset{\text{Aldol}}{CH_3CHOHCH_2CHO}$$

$$\longrightarrow \underset{\text{Crotonaldehyd}}{CH_3CH = CHCHO} \longrightarrow \underset{\text{Butylaldehyd}}{CH_3CH_2CH_2CHO}$$

3. Eiweißstoffwechsel

Die Bildung der Aminosäuren geht der eigentlichen Synthese der Eiweißkörper voran. Für den Aufbau der Aminosäuren wird das Kohlenstoffskelett von den Kohlenhydraten geliefert, der nötige Stickstoff von den Stickstoffverbindungen des Bodens, die als Aminogruppe eingebaut werden. Neuere Forschungen haben gezeigt, daß die Bildung aller Aminosäuren im wesentlichen über die Glutaminsäure erfolgt, und zwar vermutlich so, daß im Kohlenhydratstoffwechsel zunächst Citronensäure (Trikarbonsäurecyclus) und daraus Ketoglutarsäure entsteht; durch Addition von Ammoniak bei gleichzeitigem Wasseraustritt bildet sich daraus Iminoglutarsäure, durch deren Hydrierung Glutaminsäure nach folgendem Schema entsteht:

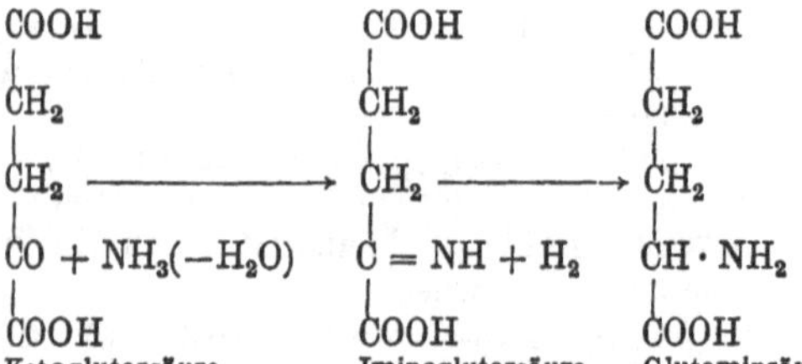

Ketoglutarsäure Iminoglutarsäure Glutaminsäure

Analog kann sich aus der Ketobernsteinsäure Asparaginsäure bilden. Sowohl die Asparaginsäure als auch die Glutaminsäure vermögen ihre Aminogruppe unter der Einwirkung entsprechender Enzyme (Transaminasen) auf viele andere Ketonsäuren zu übertragen, eine Erscheinung, die man als Transaminierung (Umaminierung) bezeichnet. Die auf diese Weise erzeugten Aminosäuren gehen auf enzymatischem Wege weiterhin eine Peptidbindung ein, es entstehen dadurch Polypeptide und schließlich Eiweißkörper. Bei den Proteiden muß noch die jeweilige prosthetische Gruppe eingebaut werden. Bei den Nucleoproteiden handelt es sich dabei um die Synthese des Pyrimidin- oder Purinringes, der wohl aus Harnstoff und Methylglyoxal (einem Spaltungsprodukt der Hexosen) folgendermaßen entsteht:

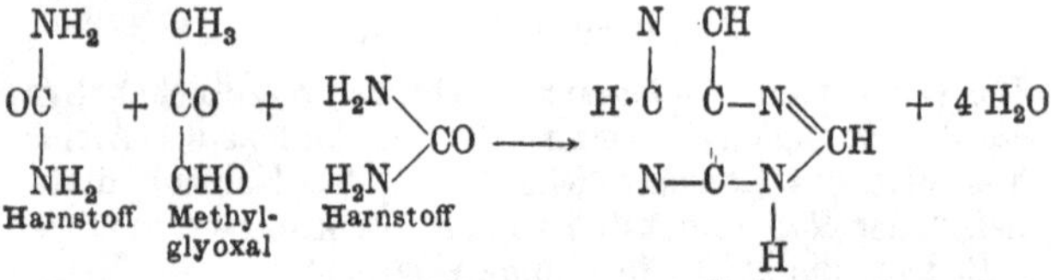

Purin

Die für den Aufbau der Nucleoproteide notwendige Phosphorsäure wird aus dem Nährsubstrat aufgenommen, die Pentose entsteht im Rahmen des Kohlenhydratstoffwechsels. Alle diese Synthesen erfolgen in erster Linie in den Blättern. Ständig werden aber in der Pflanze nicht nur Eiweißkörper aufgebaut, sondern auch wiederum zu Aminosäuren hydrolysiert. Diese Aminosäuren werden weiterhin desaminiert, entweder oxydativ, reduktiv oder hydrolytisch. Das gebildete Ammoniak stellt ein schweres Zellgift dar und muß daher von der Pflanze entgiftet werden, entweder durch Bindung an organische Säuren, also Ammonsalzbildung, oder durch Umwandlung mittels Asparaginsäure und Glutaminsäure in Asparagin und Glutamin. Bei niederen Pflanzen wie den Pilzen kommt es auch zur Harnstoffbildung. Da sich aus Asparagin und Glutamin durch Enzymwirkung jederzeit wieder die Asparagin- und Glutaminsäure zurückbilden kann, stehen diese wichtigen Verbindungen für Eiweißsynthesen stets zur Verfügung. Besonders bei Kohlenhydratmangel und reichlichem Ammoniakangebot würde es leicht in der Pflanze zu einer Ammoniakvergiftung kommen, falls nicht durch die Bildung der genannten Säureamide diese Möglichkeit verhindert würde. Da bei der Desaminierung der Aminosäuren stets auch organische Säuren, meist Ketonsäuren, entstehen, besteht somit eine Beziehung zwischen dem Eiweißstoffwechsel und der Bildung organischer Säuren. Durch Methylierung von Glykokoll können Betain und Cholin nach dem Schema entstehen:

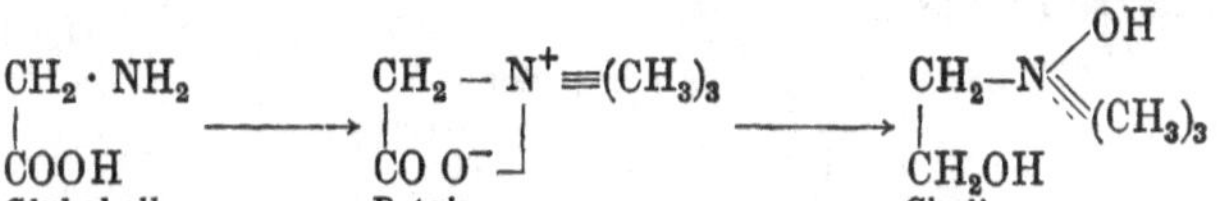

Glykokoll Betain Cholin

Selbstverständlich hängt auch die Bildung der Alkaloide mit Umsetzungsprodukten des Eiweißstoffwechsels zusammen.

IV. Der Boden als Standort und Nährstoffquelle für die Pflanze

1. Allgemeines

Nach der klassischen Definition von Ramann versteht man unter Boden die oberste Verwitterungsschicht der festen Erdrinde. Mitscherlich definiert den Boden als ein aus festen, flüssigen und gasförmigen Teilen bestehendes Gemenge, das unter den klimatischen Bedingungen, unter denen es vorhanden ist, imstande ist, Kulturpflanzen zu tragen. Unserer heutigen Vorstellung vom Boden als einem kolloidchemischen und dynamischen System entsprechen besonders die Definitionen von Wiegner, für den der Boden eine feste Dispersion ist, die den von der Kolloidchemie aufgestellten Dispersitätsgesetzen gehorcht, bzw. von Vageler, nach welchem der Boden die durch Verwitterung von Gesteinen oder Zersetzung von Organismen-Resten entstandene oberste Schicht der festen Erdrinde ist, die physikalisch und chemisch als Standort pflanzlicher Lebewesen geeignet erscheint und sich im Zustand dauernder Umbildung durch klimatische und biologische Einflüsse befindet.

Normalerweise besteht der Boden aus anorganischen und organischen Substanzen, Bodenwasser und Luft, und zwar sind die Hohlräume zwischen den festen Bestandteilen mit Wasser und Luft ausgefüllt. Der Boden entsteht aus Mineralien und Gesteinen, unter denen die Silikate weitaus vorherrschen, durch physikalische, chemische und biologische Verwitterung. Die chemische und mineralogische Zusammensetzung der festen Erdrinde ist schematisch in der nachstehenden Tabelle wiedergegeben. Neben Silikaten kommen von den bodenbildenden Mineralien noch Oxyde, Hydroxyde, Carbonate und Phosphate in Betracht. Unter den Silikaten sind die wichtigsten die Feldspate (Orthoklas, Plagioklas) und die Glimmer (Muskowit, Biotit). Die wichtigste Quelle für die Bodenphosphorsäure ist der Apatit.

Chemische Zusammensetzung der festen Erdrinde:

SiO_2	59,09%
Al_2O_3	15,35%
F_2O_3 + FeO	6,88%
MgO	3,49%
CaO	5,08%
K_2O	3,13%
Na_2O	3,84%
H_2O	1,14%
TiO_2	1,05%
P_2O_5	0,30%
	99,35%

Mineralogische Zusammensetzung der Erdrinde:

	Quarz	12%
Silikate	Feldspate	59%
Silikate	Hornblende und Augite	17%
Silikate	Glimmer	4%
Alle übrigen Mineralien		8%

Die Mineralien kommen seltener für sich allein, meist im Verband von Gesteinen vor, die man nach ihrer Entstehung in Eruptiv-Gesteine, Sedimentgesteine (Absatzgesteine) und metamorphe Gesteine (kristalline Schiefer) einteilen kann. Von Bedeutung für die Beschaffenheit des entstehenden Bodens ist der Gehalt der Gesteine an zweiwertigen Basen, da solche Gesteine meist fruchtbare Böden liefern. Kieselsäurereiche Eruptivgesteine weisen viel Alkalien auf und bilden leichte, flachgründige Böden; kieselsäurearme Eruptivgesteine enthalten mehr Kalk und Phosphorsäure und erzeugen schwere, vielfach fruchtbare, tiefgründige Böden. Der Kieselsäuregehalt der Eruptivgesteine bildet die Einteilungsgrundlage für saure (>65% SiO_2), neutrale (65—52% SiO_2) und basische (<52% SiO_2) Gesteine, wobei allerdings die sogenannten sauren Gesteine durchaus nicht sauer im chemischen Sinne reagieren. Die Lithosphäre oder Gesteinshülle der Erde setzt sich hauptsächlich aus Eruptivgesteinen oder den aus ihnen entstandenen kristallinen Schiefern zusammen. Die wichtigsten Eruptivgesteine für die Bodenbildung sind die Tiefengesteine Granit, Syenit, Diorit, Gabbro, Peridotit bzw. die Ergußgesteine Quarzphorphyr, Trachyt, Porphyrit, Phonolith, Diabas, Melaphyr und Basalt. Bei der Bildung der Tiefengesteine blieben die flüssigen Silikatschmelzen (Magma) in der Tiefe der Erdkruste stecken. Bei den Erguß- oder vulkanischen Gesteinen kamen sie bis an die Erdoberfläche und erstarrten erst dort. Die Sediment- oder Absatzgesteine entstanden aus Bruchstücken oder Zersetzungssubstanzen von Eruptivgesteinen und kristallinischen Schiefern. Man rechnet zu den Sedimentgesteinen Schotter, Gerölle, Kies, Sand, Staub oder Schluff, Löß, Lößmergel, Geschiebemergel, Konglomerate, Sandsteine (Kiesel-, Kalk- und Dolomitsandsteine), Tongesteine, Kieselgesteine, Kalksteine (Mergel, Wiesenkalk). Zu den kristallinen Schiefern zählt man Gesteine, deren Entstehung auf eine Umwandlung von Eruptivgesteinen oder Sedimenten durch hohen Gebirgsdruck und höhere Temperatur zurückzuführen ist. Hierher gehören Gneis, Glimmerschiefer, Phyllit (Urtonschiefer), Chloritschiefer, Kalkschiefer, Amphibolit und Granulit.

2. Bodenbildung

Die Mineralien und Gesteine werden unter dem Einfluß der Atmosphärilien weitgehend verändert. Man nennt diesen Komplex von Vorgängen Verwitterung und unterscheidet zwischen physikalischer, chemischer und biologischer Verwitterung.

Die physikalische Verwitterung wird hauptsächlich durch Wasser, Wind und Temperaturveränderungen bewirkt. Durch die Änderung der Temperatur entstehen Spannungen in den Gesteinen, die das mechanische Gefüge lösen und Zerkleinerungen bewirken, wobei häufiger scharfer Temperaturwechsel diesen Vorgang beschleunigt. Ganz besonders kräftig wirkt der Spaltenfrost, der in den Hohlräumen der Gesteine eine Sprengwirkung hervorruft. Ständiges Pendeln der Temperatur um den Nullpunkt erhöht besonders die Wirksamkeit dieses Spaltenfrostes. Auch das Auskristallisieren gesättigter Salzlösungen erzeugt starke Spannungen, wodurch eine Sprengung des Gesteinsverbandes erfolgt. Hierzu kommt noch die erodierende Tätigkeit von Wind und Wasser. Auch Tiere, die den Boden lockern und durchwühlen, sowie in die Gesteinsspalten eindringende Pflanzenwurzeln sind die Ursache einer Lockerung des Gesteinsgefüges.

Weitaus die wichtigste Form der Verwitterung ist die chemische, und zwar ist, wie man heute weiß, es vor allem die Hydrolyse des Wassers, die hier eine besonders große Bedeutung hat. Unter Hydrolyse versteht man bekanntlich die Umsetzung der Ionen eines Salzes mit den Ionen des Wassers. Dieser Hydrolyse unterliegen vor allem die Silikate unter den Mineralien, die ja Salze starker Basen mit schwachen Säuren darstellen und als solche weitgehend hydrolytisch aufgespalten werden können. Die Basen der Kristallgitter werden durch Wasserstoffionen ersetzt, es wird dadurch der Gitterverband gelockert und schließlich dessen Zerfall erfolgen:

$$KAl\,Si_3O_8 + H^+ + OH^- = HAlSi_3O_8 + K^+ + OH^-$$

Die gebildeten Hydrolysenprodukte sind vielfach in kolloider Lösung vorhanden, besitzen somit verschiedene elektrische Ladungen, wodurch sie sich gegenseitig ausfällen.

$$\underset{\text{Orthoklas}}{2\,KAl\,Si_3O_8} + H_2O = \underbrace{Al_2O_3 \cdot 4SiO_2 \cdot H_2O}_{\text{Montmorillonit}} + K_2O + 2SiO_2$$

$$\underset{\text{Orthoklas}}{2\,KAl\,Si_3O_8} + 2H_2O = \underbrace{Al_2O_3 \cdot 2\,SiO_2 \cdot 2H_2O}_{\text{Kaolinit}} + K_2O + 4SiO_2$$

Früher war man der Auffassung, daß die Zerstörung durch Säuren in erster Linie bei der chemischen Gesteinsverwitterung maßgebend sei. Besonders Ramann hat aber gezeigt, daß hydrolytische Vorgänge eine weit größere Bedeutung haben. Wegen der enormen Mengen Wasser, die im humiden Klima zur Verfügung stehen, und des unbegrenzten Zeitfaktors vermag es so große Wirkung als chemisches Agens zu entfalten.

Auch Salz- und Säurelösungen haben eine beträchtliche Wirkung. Wie Blanck gefunden hat, ist es besonders die durch die chemische oder biochemische Oxydation aus dem Schwefel der Aminosäuren der pflanzlichen und tierischen Reste entstandene Schwefelsäure, die einen erheblichen Einfluß auf die Gesteinszersetzung hat. Aber auch aus schwefelhaltigen Mineralien, insbesondere dem Pyrit, kann durch Oxydation Schwefelsäure entstehen:

$$FeS_2 + 7O + H_2O = FeSO_4 + H_2SO_4$$
$$2\,FeSO_4 + O + 5H_2O = 2Fe\,(OH)_3 + 2H_2SO_4$$

Durch die nitrifizierenden Bakterien wird aus Ammoniak Salpetersäure gebildet, die infolge ihrer hohen Wasserstoffionen-Konzentration lösend auf die Mineralien einwirkt. In ähnlicher Weise, wenn auch nicht so intensiv, reagieren Humussäuren und die Kohlensäure. Schließlich ist außer kohlensäurehaltigem Wasser der Sauerstoff ein Agens, das im Verein mit der hydrolytischen Tätigkeit des Wassers wesentliche Gesteinsumwandlungen in die Wege leitet. Die nachfolgenden Gleichungen geben schematisch eine Reihe dieser Prozesse wieder:

$$CaCO_3 + H_2O + CO_2 = Ca\,(HCO_3)_2$$
$$2\,FeCO_3 + O = Fe_2O_3 + 2CO_2$$
$$Fe_2O_3 + 3H_2O = 2Fe\,(OH)_3$$
$$FeS_2 + 7\,O + H_2O = FeSO_4 + H_2SO_4$$
$$2FeSO_4 + O + 5H_2O = 2\,Fe\,(OH)_3 + 2H_2SO_4$$
$$2\,KAlSi_3O_8 + CO_2 + 2H_2O = H_4Al_2Si_2O_9 + K_2CO_3 + 4\,SiO_2$$
$$FeCO_3 + H_2CO_3 = Fe\,(HCO_3)_2$$
$$2\,Fe\,(HCO_3)_2 + O + H_2O = 2\,Fe(OH)_3 + 4\,CO_2$$
$$2\,Fe_2\,SiO_4 + 3\,H_2O + O_2 = 2\,Fe_2O_3 \cdot 3\,H_2\,O + 2SiO_2$$
$$4\,FeS_2 + 2\,H_2O + 15O_2 = 2\,Fe_2\,(SO_4)_3 + 2\,H_2SO_4$$

Ein dritter Faktor der Bodenbildung ist die biologische Verwitterung, die im wesentlichen darin besteht, daß niedere und höhere Pflanzen Kohlendioxyd ausscheiden und Basen entziehen, bei ihrem Zugrundegehen Humusstoffe und andere Säuren bilden, wodurch eine sekundäre chemische Verwitterung eingeleitet wird. Auch Tiere beteiligen sich an dieser biologischen Verwitterung, besonders Regenwürmer. Da alle Prozesse nach der R.G.T.-Regel (Reaktionsgeschwindigkeit-Temperatur-Regel) von van' t Hoff verlaufen, ist klar, daß bei höheren Temperaturen die chemische Verwitterung besonders intensiv wirkt.

3. Physik des Bodens

Für die Luft- und Wasserführung des Bodens, somit für wichtige Faktoren der Bodenfruchtbarkeit, ist die Größe der Bodenteilchen (Textur) und die Art ihrer Lagerung (Struktur) von wesentlicher Bedeutung. Mit Hilfe der mechanischen Bodenanalyse ist es möglich, einen Boden in seine verschiedenen Korngrößen zu zerlegen. Die gröberen Teilchen werden durch Siebe verschiedener Porengröße voneinander getrennt, die feineren Teilchen durch die sogenannte Schlämmanalyse. Bodenteilchen über 2 mm bilden das Bodenskelett, unter 2 mm die Feinerde. Die Schlämmanalyse beruht auf dem Prinzip, daß sich beim Durchfließen von Wasser die gröberen Bodenteilchen sehr rasch, die feineren erst nach längerer Zeit absetzen. Nach Atterberg werden die verschiedenen Teilchengrößen folgendermaßen bezeichnet:

20 cm Durchmesser	Steine	
20—200 mm Durchmesser	Grobkies	
2—20 mm Durchmesser	Feinkies	Sandanteile, Bodenskelett, nicht abschlämmbar
0,2—2 mm Durchmesser	Grobsand	
0,02—0,2 mm Durchmesser	Feinsand	
0,002—0,02 mm Durchmesser	Grobton (Schluff)	Tonanteil (Feinerde) abschlämmbare Teile
0,0002—0,002 mm Durchmesser	Feinton	
0,0002 mm Durchmesser	Kolloidton	

Nach ihrer Teilchengröße unterscheidet man folgende Bodenarten:

Böden mit mehr als 50% Abschlämmbarem	Tonböden
Böden mit 20—50% Abschlämmbarem	Lehmböden
Böden unter 20% Abschlämmbarem	Sandböden
Böden mit 20—40% $CaCO_3$	Mergelböden
Böden mit über 40% $CaCO_3$	Kalkböden
Böden mit 2—5% Humus	schwach humose Böden
Böden mit 5—10% Humus	humose Böden
Böden mit 10—20% Humus	anmoorige Böden
Böden mit mehr als 20% Humus	Torf- oder Moorböden

Nach Wiegner besteht folgende Beziehung zwischen dem Zerteilungsgrad (Dispersität) eines Bodens und seinen physikalischen bzw. chemischen Eigenschaften:

Einige Bodeneigenschaften abhängig von der Dispersität

(Schematisiert bei Gleichheit aller Faktoren)

(Nach Wiegner)

abnehmende Dispersität →

relativ hohe Dispersität (Rohton)	relativ mittlere Dispersität (Schluff und Feinsand)	relativ geringe Dispersität (Feinsand und Grobsand)
Hohe Wasserkapazität Schlechte Wasserführung	→ ←	Geringe Wasserkapazität gute Wasserführung
Hohe Kohäsion	→ ←	Geringe Kohäsion
Hoher Nährstoffgehalt	→ ←	Geringer Nährstoffgehalt
Gute chemische, schlechte physikalische Eigenschaften	→ ←	Schlechte chemische, gute physikalische Eigenschaften
Kalter, untätiger, schwer bearbeitbarer, nährstoffreicher Boden m. geringer Auswaschung	→ ←	Warmer, tätiger, leicht bearbeitbarer, lockerer, nährstoffarmer Boden m. hoher Auswaschung
Absolute Wiesen- und Weideböden m. höheren Ansprüchen an die chemischen, geringen an die physikalischen Bodeneigenschaften	Ackerböden mit nach beiden Seiten hin durch Kulturmaßnahmen leicht beeinflußbaren physikalischen und chemischen Eigenschaften	Absolute Waldböden m. höheren Ansprüchen an die physikalischen, geringen an die chem. Bodeneigenschaften

→ Zunahme der guten physikalischen Bodeneigenschaften

← Zunahme der guten chemischen Bodeneigenschaften

Aus dieser Übersicht ist zu entnehmen, daß die schweren, tonigen Böden schlechte physikalische, aber gute chemische Eigenschaften besitzen, während bei den Sandböden die Verhältnisse entgegengesetzt liegen. Im allgemeinen können als fruchtbarste Böden jene bezeichnet werden, die etwa 30% abschlämmbare Teile und 70% nicht abschlämmbare Teile aufweisen, somit etwa die milden Lehmböden. Sandböden können entweder als Hauptbestandteil Quarz aufweisen und sind dann wenig fruchtbar, während solche Sandböden, die Silikatsande enthalten, wesentlich wertvoller sind. Im übrigen ist ihr Tonanteil gering, daher auch ihr Sorptionsvermögen klein. Die Folge ist, daß auf solchen Böden die Auswaschung groß ist, zumal sie für Wasser leicht durchlässig sind. Sie sind trocken, leicht erwärmbar, und besitzen eine gute Durchlüftung. Die relativ rasche Zersetzung der organischen Substanz in solchen Böden hat zur Bezeichnung „tätige Böden" geführt. Ihr Extrem sind die Tonböden, die schlecht durchlüftet und schwer zu bearbeiten sind. Während Tonböden mit über 90% abschlämmbaren Teilchen unbrauchbar als Ackerböden sind, sind sogenannte milde Tonböden mit höherem Sandgehalt besser für Kulturzwecke geeignet. Wie schon erwähnt, gehören die Lehmböden zu unseren besten Kulturböden. Ein gewisser Kalk- und Humusgehalt erhöht im allgemeinen die Fruchtbarkeit eines Bodens.

Für die Bodenfruchtbarkeit spielt aber nicht nur die Teilchengröße eine Rolle, sondern auch die Art und Weise, wie diese einzelnen Teilchen gelagert sind, die sogenannte Struktur des Bodens. Im wesentlichen unterscheidet man zwischen Krümel- und Einzelkornstruktur. Bei der Krümelstruktur sind die einzelnen Teilchen des Bodens zu größeren Gebilden vereinigt, man spricht von sogenannten Krümeln. Zwischen diesen einzelnen Zusammenballungen, den Krümeln, entstehen naturgemäß Hohlräume, das sogenannte Porenvolumen, das mit Luft bzw. Wasser ausgefüllt ist. Reine Sandböden entbehren infolge Tonmangels dieser Krümelstruktur und auch bei reinen Tonböden ist das Auftreten einer richtigen Krümelung nur schwer zu erreichen, weil hierfür die gleichzeitige Anwesenheit von Sand und Ton erforderlich ist. Das Poren- oder Hohlraumvolumen soll etwa die Hälfte des Gesamtvolumens betragen und etwa die Hälfte dieses Hohlraumvolumens soll mit Luft bzw. Wasser gefüllt sein.

Wegen der großen Bedeutung der Krümelstruktur für die Bodenfruchtbarkeit gehört ihr Zustandekommen zu den wichtigsten Aufgaben der praktischen Landwirtschaft; es handelt sich dabei gleichzeitig um die Lösung eines wichtigen kolloidchemischen Problems.

Die Bodenkolloide müssen nämlich aus dem Sol- in den Gelzustand übergeführt werden, was auf Grund der Wertigkeitsregel von Schulze-Hardy am besten durch Calcium-Ionen erfolgt. Diese Gesetzmäßigkeit besagt, daß positiv geladene Sole durch negative Ionen, negativ geladene Sole durch positive Ionen ausgefällt, somit in Gele verwandelt werden und daß die fällende Kraft der Ionen eine Funktion ihrer Wertigkeit ist, wobei die ausflockende Wirkung der Natrium-, Calcium- und Aluminium-Ionen sich etwa wie 1:20:350 verhält. Die meisten Bodenkolloide, vor allem das Kieselsäure-, Humus- und Ton-Sol, sind negativ geladen, sie benötigen daher positive Ionen zur Ausflockung, wobei selbstverständlich unter den Verhältnissen der praktischen Landwirtschaft nur die Calcium-Ionen in Frage kommen. Man weiß heute, daß zur Entstehung und Erhaltung der Krümelstruktur nicht nur Ca-Ionen im Sorptionskomplex zur Ausfällung der Sole, sondern auch Calcium- bzw. Magnesium-Ionen in der Bodenlösung vorhanden sein müssen, und daß ferner Bikarbonat-, Phosphat- und Sulfat-Ionen die Krümelbildung fördern. Die in Mitteleuropa heimischen landwirtschaftlichen Kulturpflanzen sind sogenannte „Garepflanzen", d.h. sie gedeihen nur günstig, wenn die Krümelstruktur der Böden gesichert ist. Man wird daher bei der Düngung alle Maßnahmen in obengenanntem Sinne treffen, um die Bodengare zu erreichen, wobei man diesen Begriff nach Sekera als Beständigkeit der Krümelstruktur definieren kann. Durch Düngung mit Nähr- und Dauerhumus, Kalk und Phosphaten und Vermeidung von Gare zerstörenden Substanzen, wie Chloriden, wird man dieses Ziel weitestgehend zu erreichen versuchen. Kennzeichnend für den garen Boden ist seine große Elastizität und ein bestimmter, mit einer dunkleren Farbe einhergehender Feuchtigkeitsgehalt. Neben den schon erwähnten Düngungsmaßnahmen wirken auch entsprechende Bodenbearbeitung, Frost (Frostgare) und ein möglichst üppiger, den Boden bedeckender Pflanzenbestand (Schattengare) vorteilhaft für den Garezustand.

Im Gegensatz zur Krümelstruktur liegen bei der Einzelkornstruktur die Bodenteilchen dicht aneinander, wie dies besonders bei den extremen Sand- und Tonböden aufzutreten pflegt.

Die Zusammensetzung der Bodenluft unterscheidet sich von der atmosphärischen Luft hauptsächlich durch ihren Kohlensäure-Gehalt. In jedem gesunden Boden sind große Mengen von leicht zersetzlichen Huminstoffen (Nährhumus) vorhanden, aus denen die Mikroorganismen Kohlendioxyd entbinden. Man nennt diesen Vorgang Bodenatmung, und die Menge der gebildeten Kohlensäure die „bodenbürtige Kohlensäure"; nach Stoklasa gibt ein ha Ackerland im Laufe einer Vegetationsperiode etwa 15 000 bis 20 000 kg CO_2 ab, wobei ein Drittel auf die Wurzeltätigkeit der Pflanzen und zwei Drittel auf diejenige der Mikroorganismen fallen. Aus diesen Zahlen geht schon das große Sauerstoffbedürfnis der Pflanzen und Mikroorganismen hervor, das nur gedeckt werden kann, falls der Gasaustausch ungehindert verläuft. Würde sich die Kohlensäure in der Bodenluft zu sehr anreichern, so müßten die nützlichen aeroben Mikroorganismen und Bodentiere zugrunde gehen, die Wurzelatmung würde aufgehoben, und die Pflanzen werden zum Absterben gezwungen. Durch entsprechende Bodenbearbeitung muß daher stets für eine gute Bodendurchlüftung gesorgt werden. Auch ein zu hoher Wassergehalt des Bodens ist schädlich, weil dadurch das Porenvolumen einseitig mit Wasser gefüllt und die Luft aus dem Boden verdrängt wird. Es soll deshalb ein Verhältnis von fester, flüssiger und gasförmiger Phase im Boden vorhanden sein, wie etwa 2:1:1, d. h. die Hälfte der Bodenbestandteile soll aus festen Substanzen bestehen, das Porenvolumen seinerseits zur Hälfte mit Luft und Wasser gefüllt sein. Da das Wasser eine hohe Wärmekapazität gegenüber den übrigen Bodenbestandteilen aufweist, beeinflußt der Wassergehalt des Bodens weitestgehend dessen Wärmeverhältnisse, weshalb man nasse Böden als kalte, trockene Böden als warme bezeichnet.

4. Wasserhaushalt des Bodens

Wie oben angedeutet worden ist, hängt die Wasserführung des Bodens weitgehend von dessen Textur, also der Teilchengröße, ab, aber ebenso von der Struktur, der Lagerung der Teilchen. Das durch die Niederschläge in den Boden eindringende Wasser wird in Haft- und Senkwasser unterschieden. Das Haftwasser ist jene Wassermenge, die durch die sogenannte wasserhaltende Kraft (Wasserkapazität) des Bodens festgehalten wird, worunter man die Fähigkeit eines Bodens versteht, eine gewisse Menge Wasser aufzunehmen und einige Zeit festzuhalten. Sandige Böden besitzen eine geringe, tonige Böden eine hohe Wasserkapazität; z. B. liegt die Wasserkapazität für Sandböden bei etwa 20%, für Lehmböden bei 30—40%, für Tonböden bei 60—80%, bei humusreichen Moorböden über 100%, d. h. sie sind imstande, mehr als ihr Bodengewicht an Wasser aufzunehmen. Der Teil des Wassers, der vom Boden nicht festgehalten wird, sondern in die tieferen Schichten absinkt, heißt das Senkwasser. Das vom Boden festgehaltene Wasser wird wiederum in das Schwarmwasser und Kapillarwasser unterschieden. Das Schwarmwasser stellt das von den sorbierten Ionen der Sorptionskomplexe (kolloide Ton- und Humuskomplexe) gebundene Hydratationswasser· dar. Von der Natur der Schwarm-Ionen wird daher die Menge des Hydrationswassers beeinflußt werden; überwiegen unter ihnen die Natrium- und Kalium-Ionen, die stark hydratisiert sind so wird die Menge des Hydratationswassers groß sein, der Boden schleimig und zäh. Das Kapillarwasser wird durch die feinsten Hohl-

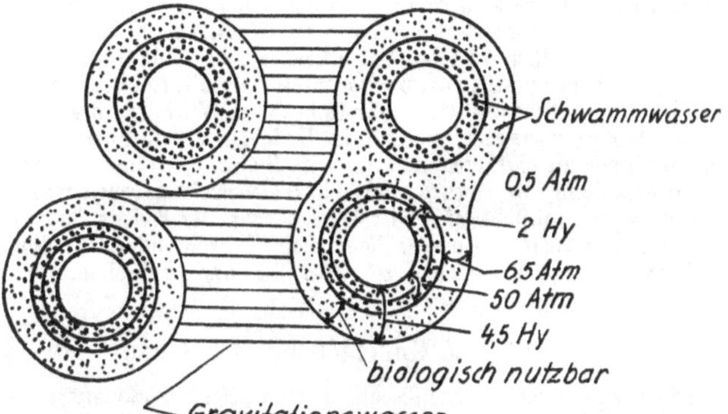

räume des Bodens festgehalten, aber weitaus lockerer als das Schwarmwasser; es ist daher auch nur zum Teil der Schwerkraft unterworfen. Das über die minimale Wasserkapazität hinausgehende Wasser, das im sogenannten spannungsfreien Hohlraumvolumen des Bodens frei beweglich ist, heißt das Gravitationswasser.

Nähere Einblicke in die Wasserführung des Bodens gewinnt man durch die experimentelle Feststellung der Hygroskopizität nach Mitscherlich, worunter man jene Wassermenge versteht, die mit dem Dampfdruck einer 10%igen Schwefelsäure im Gleichgewicht steht. Da der Saugdruck des hygroskopischen Wassers des Bodens 50 Atmosphären beträgt, derjenige der meisten Kulturpflanzen aber kleiner ist als 20 atm, kann das hygroskopische Wasser nicht von ihnen verwertet werden, es ist für sie „totes Wasser". Dieses tote Wasser reicht bis etwa 2 Hy, d. h. bis zum Zweifachen der Hygroskopizität. Man bezeichnet ferner als Welkepunkt (welting point) das 1,6—1,7fache der Hygroskopizität, weil hier die Pflanzen zu welken beginnen. Die minimale Wasserkapazität, somit die Wassermenge, die von einem Boden gegen die Schwerkraft festgehalten wird, beträgt das 4–5fache der Hygroskopizität. Von den Pflanzen ist somit nur das Gravitationswasser und das Wasser der Differenz zwischen 4,5 Hy – 2Hy tatsächlich verwertbar. Im Sinne des oben bereits Erwähnten enthalten mit Natrium- bzw. Kalium-Ionen gesättigte Böden viel totes Wasser, mit Calcium- und Magnesium-Ionen gesättigte mehr ausnutzbares Wasser; durch Düngung mit Kalk kann man stark natriumhaltige Böden in ihrer Wasserführung verbessern, weil dadurch der Anteil toten Wassers verringert wird.

Selbstverständlich wird der Wasserhaushalt des Bodens durch die Verdunstung beeinflußt. Meist wird durch die Kulturpflanzen während der Vegetationszeit das gesamte in ihrem Wurzelraum gespeicherte Wasser verwertet, weshalb am Ende der Vegetationsperiode ein Minimum an verfügbarem Wasser im Boden vorhanden ist, das dann erst durch die Herbst- und Winterniederschläge wieder aufgefüllt werden muß. Meist ist der Wasserbedarf der Kulturpflanzen in einer Vegetationsperiode so hoch, daß die während dieser Zeit fallenden Niederschläge nicht zu seiner Deckung ausreichen.

5. Chemie und Kolloidchemie des Bodens

Die vorherrschenden chemischen Bestandteile des Bodens sind in der Regel Kieselsäure und die Sesquioxyde; die eigentlichen Pflanzennährstoffe sind mengenmäßig nur gering vorhanden, wie aus folgender Gesamtanalyse des Bodens hervorgeht:

	Sandboden	Lehmboden	Tonboden	Kalkboden
SiO_2	92,50	76,14	54,53	25,44
Al_2O_3	1,06	7,04	15,12	6,82
Fe_2O_3	0,74	5,20	4,60	1,16
CaO	0,17	0,96	5,97	29,96
MgO	0,14	0,88	2,22	0,48
Na_2O	0,03	0,37	1,17	0,22
K_2O	0,04	1,06	2,60	0,85
P_2O_5	0,03	0,18	0,20	0,22
SO_3	0,01	0,01	0,17	0,10
CO_2	Spur	Spur	4,63	23,54
Cl	Spur	Spur	0,11	Spur
N	0,13	0,18	0,26	0,25
Organische Substanz	3,04	4,63	8,54	12,06

Die in früheren Zeiten gehegte Erwartung, daß man aus solchen Gesamtanalysen ein Bild über die für die Pflanzen verfügbaren Nährstoffe des Bodens gewinnen könne, hat sich nicht erfüllt. Der Grund ist darin zu suchen, daß die Pflanze nicht über so starke aufschließende Kräfte verfügt, wie wir sie bei solchen Gesamtanalysen in Form starker anorganischer Säuren anwenden. Trotzdem sind aber solche Gesamtnährstoff-Analysen nicht wertlos, da sie über die potentiellen Nährstoffmengen und damit die Nährstoffvorräte des Bodens Aufschluß geben.

Von ganz besonderer Bedeutung für die Bodeneigenschaften, gerade in Hinsicht auf die Pflanzenernährung, sind die Bodenkolloide. Einen tieferen Einblick in die Fruchtbarkeitsverhältnisse des Bodens gewinnt man erst, wenn man den Boden als kolloides System betrachtet. Dabei sei erinnert, daß der Zerteilungsgrad (die Dispersität) charakteristisch für die Kolloide ist, daß diese somit keine bestimmten chemischen Substanzen, sondern einen Zustand der Materie darstellen. Die Kolloidchemie ist somit nur ein Teilgebiet des weiten Gebietes der Dispersoidchemie, die sich mit dem Zerteilungsgrad der Stoffe ganz allgemein und den dadurch bedingten Eigenschaften befaßt. Es gibt verschiedene disperse Systeme, nämlich grobdisperse Systeme oder Dispersionen mit einer Teilchengröße über $100 \mu\mu$, wobei die Teilchen als Mikronen bezeichnet werden; kolloiddisperse Systeme oder Dispersoide mit einer Teilchengröße zwischen 1 und $100 \mu\mu$ mit der Teilchenbezeichnung Ultramikronen; maximal disperse Systeme mit einer Teilchengröße kleiner als $1 \mu\mu$, wobei die Teilchen Moleküle oder Ionen sein können. Im Boden kommen nun alle drei Phasen vor, besonders die grobdisperse und kolloid-disperse Phase überwiegt mengenmäßig. Ebenso wie in der pflanzlichen Zelle ist aber die ionen-disperse Phase von wesentlichem Einfluß auf die Beschaffenheit der Boden-Kolloide. Diese vermögen nämlich in zwei Formen aufzutreten, als Sole und als Gele. Der Zustand der Pseudolösung eines Kolloids, wobei somit der Dispersitätszustand sehr groß ist, entspricht dem Sol, der völlig ausgeflockte Zustand des Kolloids dem Gel. Die Überführung eines Sols in das Gel ist der Vorgang der Koagulation, der umgekehrte Prozeß wird als Dispergierung oder Peptisierung bezeichnet. Der Vorgang der Verwandlung eines Sols in ein Gel kann reversibel oder irreversibel sein. Ferner ist noch das Verhalten der Kolloide zum Dispersionsmittel wesentlich für ihre Beurteilung. Es gibt lyophile (hydrophile) bzw. lyophobe (hydrophobe) Kolloide. Die hydrophilen Kolloide sind von einer mehr oder minder großen Hydrathülle umgeben; sie sind gallertartige Gebilde, die sich nur schwer von ihrem

Lösungsmittel trennen lassen und leicht wieder aus dem Gel- in den Solzustand überzuführen sind; sie stellen somit reversible Kolloide dar. Hierher gehören vor allem organische Kolloide, die Eiweißsubstanzen, aber auch Kieselsäure- und Humus-Sole des Bodens. Die hydrophoben Kolloide lassen sich dagegen leicht von ihren Lösungsmitteln trennen und sind meist irreversibel. Die Metallsole sind hydrophob, von den Bodenkolloiden die Tonsubstanz, ferner Aluminium- und Eisenoxydhydrate. Für die hydrophilen Kolloide ist ihre Schutzwirkung charakteristisch, d. h. sie vermögen durch ihre Gegenwart das Ausfällen von Niederschlägen, auch das Koagulieren von Solen zu Gelen, zu verhindern. Auf diese Weise wird z. B. infolge Anwesenheit von Gelatine das Ausfällen von Chlor-Ionen durch Silber-Ionen unterbunden, im Boden das Ausflocken von Solen in Gele durch vorhandene Humus-Sole. Der Boden kann als reversible Dispersion aufgefaßt werden.

Die Sole werden im Dispersionsmittel entgegen der Schwerkraft dadurch in Schwebe gehalten, daß sie eine elektrische Ladung besitzen, die bei den meisten Bodensolen negativ ist; nur Aluminium- und Eisenoxydhydrat weisen, wie schon erwähnt, als Sole eine positive Ladung auf. Die Überführung der Sole in Gele hat somit zur Voraussetzung, daß die jeweilige elektrische Ladung den Solen entzogen wird, was am besten durch Zugabe entgegengesetzt geladener Ionen oder Sole im Sinne eines Ladungsausgleiches erfolgt. Nach der schon früher erörterten Regel von Schulze-Hardy werden somit positive Sole durch negative Ionen, negative Sole durch positive Ionen ausgeflockt. Da, wie erwähnt, die meisten Bodensole negative Ladungen aufweisen, erfolgt die Fällung durch positive Ionen, wobei die oben genannte Regel, wie ebenso früher schon erwähnt wurde, aussagt, daß die Wirkung der Ionen eine Funktion ihrer Wertigkeit ist, und zwar nach dem Schema Al:Ca:Na = 350:20:1. Man wird unter praktischen Verhältnissen bei Überführung der Bodensole in Gele, somit der Einzelkorn- in die Krümelstruktur, daher immer Calcium-Ionen verwenden, somit mit Kalksalzen düngen. Auch die Hydratation der Ionen ist für ihre ausflockende Kraft von entscheidender Bedeutung in dem Sinne, daß die fällende Kraft der Ionen um so schwächer ist, je stärker sie hydratisiert sind und umgekehrt. Da, wie schon angedeutet, der Boden grobdisperse, kolloiddisperse und ionendisperse Anteile enthält, wird auf Grund dieser Erkenntnis die schon früher zitierte Definition von Wiegner verständlich, daß nämlich der Boden eine reversible Dispersion darstellt, die in ihrer Zerteilung auf Elektrolytzusatz nach Art eines mehr oder weniger leicht verschiebbaren Dispersionsgleichgewichtes reagiert.

Zu den wichtigsten Kolloiden des Bodens gehören der Ton und die Kieselsäure, die Humusstoffe, die kolloiden Formen von Eisen- und Aluminiumhydroxyd und schließlich im Sinne Ehrenbergs auch die Mikroorganismen. Während man unter Ton im Sinne der mechanischen Bodenanalyse alle Teilchen anorganischer Natur versteht, die eine Größe unter 2μ haben, versteht man chemisch darunter ein mit Basen gesättigtes Aluminium-Eisen-Silikat mit einem durchschnittlichen Verhältnis $SiO_2:Al_2O_3 = 3:1$. Neuere Forschungen haben das Ergebnis erbracht, daß die kolloide Tonsubstanz aus einzelnen gut zu definierenden Tonmineralien besteht. Diese Tonmineralien im engeren Sinne oder sekundäre Tonmineralien dürfen nicht mit den Mineralien verwechselt werden, die in der kolloiden Tonfraktion enthalten sein können und nur als Ton im Sinne der mechanischen Bezeichnung (kleiner als 2μ) benannt werden (Primäre Tonmineralien).

Zu den sekundären Tonmineralien gehört die Gruppe des Kaolinits, Montmorillonits und die glimmerartigen Tonmineralien. Alle diese Tonmineralien weisen Schichtgitter auf, d. h. ihre Kristallgitter sind aus verschiedenen Schichten zusammengesetzt mit flächenhafter Anordnung der Ionen. Nun sind aber die Schichtpakete in den einzelnen Tonmineralien von verschiedener Größe; bei entsprechender Größe vermögen die Ionen mit ihren Wasserhüllen in das Innere des Kristallgitters einzudringen und sich an die freien Valenzen anzulagern. Die Abstände der Schichtpakete können aber auch kleiner als der Durchmesser der Kationen sein, so daß diese nicht in das Innere einzudringen vermögen und die Bindung der Ionen nur an der äußeren Oberfläche vor sich geht. Die Schichtebenen-Pakete liegen z. B. beim Kaolinit, dem die Formel $Al_2O_3 \cdot 2SiO_2 \cdot 2H_2O$ zukommt, so eng beisammen, daß deshalb dieses Tonmineral nur eine geringe Quellbarkeit und ein geringes Basenumtauschvermögen besitzt. Dagegen weist der Montmorillonit mit der Zusammensetzung $Al_2O_3 \cdot 4\ SiO_2 \cdot H_2O$ weite Abstände der einzelnen Schichtebenen auf, was ein hohes Quell- und Basenumtauschvermögen bewirkt. Zur Kaolinitgruppe rechnet man noch den Hallovsit, zur Montmorillonitgruppe den Beidellit und Nontronit. Die glimmerartigen Tonmineralien sind Verwitterungsprodukte der Glimmer; sie stehen hinsichtlich ihres Basen- und Wasser-Bindungsvermögens zwischen den Mineralien der Montmorillonit- und Kaolinitgruppe in der Mitte. Aus der geschilderten Eigenschaft der Tonmineralien ergibt sich, daß Montmorillonit und Glimmer die wichtigsten Sorptionsträger für die Bodennährstoffe und das Wasser sind, der Kaolinit dagegen wesentlich zurücktritt. Fruchtbare Böden,

z. B. die Schwarzerde, enthalten daher erhebliche Mengen von Montmorillonit und Glimmer. Die Glimmermineralien Biotit und Muskowit sind wichtige Kaliumquellen für die Pflanze, wogegen der mit Calcium gesättigte Montmorillonit mit dem Humus den Tonhumuskomplex aufbaut.

Über die Bildung der Tonmineralien sind wir besonders durch die Forschungen von Mattson, Wiegner, Pallmann, Blanck unterrichtet. Wie schon bei der chemischen Verwitterung erörtert, werden die ursprünglichen Silikatmineralien hauptsächlich durch hydrolytische Prozesse aufgespalten. Dabei ist die Möglichkeit gegeben, daß sich positiv geladenes Aluminium- und Eisenhydroxyd im Solzustand und negativ geladene Kieselsäure-Sole gegenseitig infolge Neutralisation ausflocken nach dem Schema:

$$\boxed{Al\,(OH)_3}^{+} + \boxed{mSiO_2 \cdot n\,H_2O}^{-} = \boxed{Al_2O_3\,m\,SiO_2 \cdot nH_2O}$$

Die schon entstehenden Gelgemische, an deren Bildung auch Humussäure-Sole und die Phosphorsäure mitwirken, sind imstande, Basen zu binden. Mattson hat gezeigt, daß sich bei saurer Reaktion Gel-Gemische mit weitem $SiO_2:(Fe_2O_3 + Al_2O_3)$-Verhältnis bis zu 2,3:1, im neutralen Gebiet mit einem engeren Verhältnis bilden. Der isoelektrische Punkt der Tonerde liegt bei pH 8,1; bei niedrigen pH-Werten, also im sauren Gebiet, steigt bei fallender pH-Zahl die Menge der ausgefällten Kieselsäure, wobei schließlich bei pH 4,7 ein $SiO_2:Al_2O_3$-Verhältnis von 2,6:1 erreicht wird. Bei Anwesenheit freier Huminsäuren, somit von sauerem Humus, wirkt dieser wie ein Schutzkolloid, die Ausfällung von Eisenhydroxyd und Aluminiumhydroxyd wird verhindert, es kommt dadurch zu keiner Tonbildung.

In basenreichen, besonders kalkreichen Lösungen, kommen keine isoelektrischen Fällungen zustande, sondern es werden unter dem flockenden Einfluß vor allem der Calcium- und Magnesium-Ionen stabile Kieselsäureverbindungen mit einem weiten $SiO_2:Al_2O_3$-Verhältnis bis 4:1 entstehen. Der hohe Gehalt überschüssiger Kieselsäure verleiht diesen Tonkolloiden elektronegative Eigenschaften, durch die starke Fällungskraft der zweiwertigen Ionen bleiben sie aber stabil. Schließlich entstehen aus diesen kolloiden Gebilden die kristallinen, sekundären Tonmineralien, vor allem der Montmorillonit. Welche Art von Tonmineralien sich bildet, hängt somit im wesentlichen von der Reaktion der Bodenlösung, vor allem der Gegenwart von genügender Menge Calcium-Ionen ab.

Weitere wichtige Bodenkolloide sind die Humusstoffe, worunter man nicht die gesamten organischen Stoffe des Bodens versteht, sondern nur die dunkel gefärbten organischen Substanzen, die nachstehendes Schema zeigt:

Organische Substanzen

- Nichthuminstoffe (farblos)
- Huminstoffe (stark gefärbt)
  - löslich in kalter Natronlauge
    - nicht fällbar durch Säuren — **Fulvosäuren**
    - fällbar durch Säuren, löslich in Alkohol — **Hymatomelansäuren**
    - fällbar durch Säuren, unlöslich in Alkohol — **Huminsäuren**
  - Humine unlöslich in kalter Natronlauge, löslich in heißer Natronlauge
  - unlöslich in heißer Lauge — **Humuskohle**

Für die Beurteilung des Humus vom Standpunkt der Pflanzenernährung hat sich die Einteilung von Scheffer in Nähr- und Dauerhumus als sehr zweckentsprechend erwiesen. Der Nährhumus besteht hauptsächlich aus Nicht-Huminstoffen und umfaßt jene organischen Substanzen des Bodens, die den Mikroorganismen als Nährquelle zur Verfügung stehen. Nach Scheffer werden alle leicht löslichen Stoffe dazu gerechnet. Der Dauerhumus dagegen wird von den Mikroorganismen nur schwer angegriffen und umfaßt die in 80%iger Schwefelsäure unlöslichen Stoffe, hauptsächlich die Huminsäuren und Lignine sowie deren Zwischenprodukte. Mittels Azetylbromid lassen sich diese Stoffe voneinander trennen, da die Humine und Huminsäuren in diesem Lösungsmittel unlöslich sind, die Lignine, Ligninsäuren, Humolignine und auch ein Teil der Lignohuminsäuren sich darin lösen. Die azetylbromidunlöslichen Stoffe (abgerechnet die sogenannte Humuskohle) heißen daher Dauerhumus. Den höchsten Gehalt an azetylbromidunlöslichen Stoffen in Prozent der gesamten organischen Substanz haben die Schwarzerde und die Rendzinaböden mit 70—80%; dagegen ist die Menge des Dauerhumus in Podsolböden und Torfböden gering. Bei gut verrottetem Stallmist rechnet man mit 30% Dauerhumus.

Ungefährer Gehalt an Dauerhumus verschiedener Böden und organischer Dünger (Nach Scheffer)

	Zersetzungsgrad (Dauerhumus in % organ. Masse)
Schwarzerde	70—80
Ewiger Roggenbau (Halle-Saale) . .	70—80
Braunerde-Humus	40—60
Podsol-Humus	30—60
Hochmoor (Springer)	30—45
Niederungsmoor (Springer)	52—73
Huminsäure (Merck)	46
Stallmist (Springer)	40—47
Edelmist (Scheffer)	31
Stapelmist (Scheffer)	33

Die Humusstoffe sind voluminös, sie wirken daher lockernd auf schwere, dichtlagernde Böden. Außerdem haben sie die Fähigkeit, Wasser festzuhalten; diese Eigenschaft bewirkt eine gleichmäßige Wasserversorgung kolloidarmer Sandböden. Von besonderer Bedeutung ist aber ihre Fähigkeit, Kationen zu binden und daher im Basenaustausch eine wesentliche Rolle zu spielen.

Für die Bodenfruchtbarkeit ist die Löslichkeit der Salze der Huminsäuren wichtig. Das Calciumhumat ist schwer löslich und durch Calcium-Ionen werden daher die Huminsäuren in eine schwer angreifbare Form übergeführt, die eine Anreicherung im Boden ermöglicht. Dagegen sind die Kalium-, Natrium- und Ammoniumsalze und die freien Huminsäuren wasserlöslich bzw. sie bilden kolloide Lösungen und zeigen die bereits erwähnte Schutzkolloid-Wirkung. Das Calciumhumat ist daher die erwünschteste Bindungsform der Huminsäure im Boden.

Der Kohlenstoffgehalt der Huminsäuren schwankt zwar sehr; als durchschnittlichen Wert nimmt man aber gewöhnlich 58% an, so daß man durch Multiplikationen des C-Gehaltes mit 1,724 den Humusgehalt errechnet. Man teilt die Huminsäuren weiterhin in Grau- und Braun-Huminsäuren ein, wobei die Grau-Huminsäure durch ihre höhere Elektrolytempfindlichkeit, durch höheren Stickstoffgehalt und durch stärkere Festlegung an Tone gekennzeichnet wird. Sie kommt im Verein mit Braun-Huminsäuren in der Schwarz- und Braunerde vor, während die Braun-Huminsäure vor allem in Podsolböden zu finden ist. Der Stickstoffgehalt der Huminsäuren schwankt zwar zwischen 1 und 5%, ist aber in den Grau-Huminsäuren höher als in den Braun-Huminsäuren. Einen guten Einblick in den Stickstoffgehalt der Huminsäuren ergibt das $C_h : N_h$-Verhältnis, worunter man die Relation von C und N des in Azetylbromid unlöslichen Humusanteils versteht.

	$\frac{C_h}{N_h}$ ($N_h = 1$)
Schwarzerde	6—8:1
Ewiger Roggenbau (Halle-Saale).	8—12:1
Braunerde Humus	6—8:1
Podsolhumus	20:1
Hochmoor (Springer)	16—30:1
Humussäure (Merck)	13:1
Stallmist (Springer)	9:1
Edelmist	9:1
Stapelmist	12:1

Die Entstehung der Huminsäuren ist zwar heute noch nicht endgültig geklärt; immerhin bestehen darüber einige konkrete Vorstellungen. Viel spricht für die Auffassung, daß Lignine und stickstoffhaltige Substanzen im humiden und semihumiden Klima bei ihrer Zersetzung in Anwesenheit von Kalk und anorganischen Sorptionskomplexen durch Oxydation Huminsäuren analog der Schwarzerde ergeben. Enders vertritt die Meinung, daß das durch Umsetzung von Hexosen gebildete Methylglyoxal mit Aminosäuren reagiert und dabei Huminsäuren und deren Vorstufen entstehen. Sehr interessant sind die Modellversuche von Eller und Koch, die aus Brenzkatechin, Hydrochinon, Oxyhydrochinon und Chinon durch Oxydation mit milden Oxydationsmitteln in alkalischer Lösung Oxychinon erhielten, das ebenfalls die Eigenschaften von Huminvorstufen besitzt; auch durch Oxydation von Phenolkarbonsäuren unter gleichen Bedingungen kamen sie zu solchen Substanzen. Dunkle, humusartige Körper entstehen weiterhin durch Aktinomyzeten, aber auch durch Schimmelpilze (Citromyces glaber) und andere Mikroorganismen aus Kohlenhydraten. Der Stickstoff dieser so gebildeten Humussubstanzen scheint heterocyclisch in Pyridin,

Pyrrol bzw. im Indolkern eingebaut zu sein, ähnlich wie dies Raper bei der Bildung von Melaninen aus Tyrosin zeigen konnte.

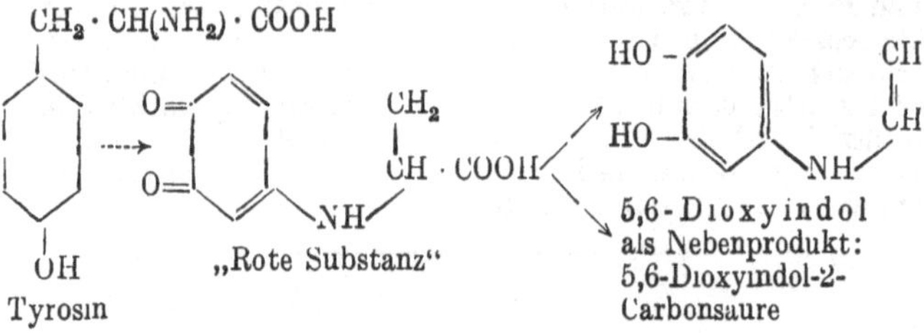

Interessant, bereits auch für praktische Zwecke, sind die Befunde von Hudig und Reesema, die aus den Huminsäurevorstufen des Hochmoortorfes durch Oxydation mit Luftsauerstoff in ammoniakalischer Lösung, aber auch bei Gegenwart von Calcium- und Magnesiumhydroxyd, Huminsäuren erhielten. Hochstabile Huminsäuren erhielten sie aber nur in Anwesenheit von Ammoniak, Neutralisation des ursprünglichen Hochmoortorfes mit Ammoniak bei 10 atm und Oxydation bei einer Temperatur von 100—130° und durch Koppelung der Huminsäuren an mineralische Bodenkolloide.

Besonders die Untersuchungen von L. Meyer zeigten, daß sich im Verdauungstraktus von Bodentieren, wie Milben, Asseln, Regenwürmern, Insektenlarven, ausgezeichnete Bedingungen für eine Huminsäure-Synthese und die Stabilisierung der gebildeten Huminsäuren ergaben. Die Lignine und Proteine der Nahrung werden dabei im alkalischen Milieu oxydiert. Die von den Kalkdrüsen der Regenwürmer ausgeschiedenen Calcium-Ionen ergeben im Verein mit den von diesen Tieren aufgenommenen anorganischen Stoffen die Voraussetzungen zur Bildung von organo-mineralischen Sorptionskomplexen. Böden, in denen die genannten Tiere, besonders die Regenwürmer, keine geeigneten Lebensbedingungen vorfinden, zeigen auch wenig vorteilhafte Humusformen, da eben nur im Verdauungstraktus der humusbildenden Bodentiere gleichzeitig die zu ihrer Bildung nötigen hohen Konzentrationen von phenolischen, chinoiden und aminogruppenhaltigen Bausteinen vorhanden sind.

6. Mikrobiologie des Bodens

Die Fülle der Mikroorganismen im Boden, wie Bakterien, Pilze, Aktinomyzeten und Protozoen, stellt ebenfalls ein Gebilde von kolloid-chemischer Größenordnung dar. Ihre Hauptbedeutung liegt allerdings nicht in der Erfüllung kolloidchemischer Funktionen im Boden, sondern in der Erzeugung von CO_2 und in der Bildung von kolloidchemisch wichtigen Auf- und Abbauprodukten. Über die für die Pflanzenernährung wichtigsten Mikroorganismen wurde schon in früheren Abschnitten dieses Buches berichtet.

7. Sorptionskomplex und Basenaustausch

Wie schon bei den Tonen und Huminsäuren erwähnt, besitzen diese Substanzen infolge ihrer negativen elektrischen Ladung die Eigenschaft, Kationen an ihrer Oberfläche festzuhalten, zu sorbieren, weshalb man sie auch als Sorptionskomplexe bezeichnet. Nach Wiegner sind diese Sorptionskomplexe Kolloidmizellen, die aus drei Teilen bestehen, nämlich aus einem Kern, einer inneren und äußeren Ionen-Schale (Doppelschale nach Helmholtz). Der Kern ist ein Ultramikron, das entweder als kompaktes Monon oder als poröses, innendisperses Polyon auftreten kann. An den Kern schließt sich die innere Ionenschale, eine fest anhaftende elektrische Innenschicht, nach außen umgeben von einer lockeren elektrischen Außenschicht, mit entgegengesetzter elektrischer Ladung im Vergleich zur Innenschicht. Ton und Humus sind negativ geladen, die elektrische Ladung der Innenschicht ist somit negativ, die der Außenschicht positiv; anders ausgedrückt, stellt die freie Humin- bzw. Tonsäure ein Acidoid dar, das von Kationen abgesättigt wird. Je nach der Natur dieser Absättigung spricht man von Calcium-, Natrium-, Kalium-, Magnesium- und Ammonium-Acidoiden. Das Kationen- bzw. Basenbindungsvermögen ist bei den verschiedenen Sorptionskomplexen unterschiedlich, nämlich, je 100 g Substanz in Millival ausgedrückt, für Humus 100—300, für Montmorillonit 60 bis über 100, für glimmerartige Mineralien 20—30, für Kaolin 3—15. Wie schon bei den Tonmineralien erwähnt, ist die verschiedene Sorptionskapazität auf den verschiedenen Bau der Tonminerale hinsichtlich ihrer Schichtpaket-Zwischenräume zurückzuführen. Nach internationaler Übereinkunft wird die totale Sorptionskapazität mit T bezeichnet, worunter man die Summe aller Kationen einschließlich der Wasserstoff-Ionen, ausgedrückt in Millival, versteht, die ein Acidoid überhaupt zu binden vermag, während die Gesamtmenge der vorhandenen Basen mit S, als Summe der Basenäquivalente in Millival, benannt wird. Unter dem Sättigungsgrad V nach Hissink versteht man den Ausdruck $V = \frac{100\,S}{T}$, somit die vorhandenen Basen eines Sorptionskomplexes, ausgedrückt in Prozent der Höchstsättigung. Aus den obigen Definitionen geht hervor, daß $T = H + S$ ist. Es gibt viele Methoden zur Bestimmung von S und T. Das einfachste Verfahren zur Ermittlung von S ist die Methode der absoluten Neutralisation von Kappen, der S so bestimmt, daß er den Boden mit einem Überschuß von $\frac{n}{10}$ HCl behandelt und den nicht verbrauchten Rest der Säure mit $\frac{n}{10}$ NaOH zurücktitriert; die Menge der verbrauchten Säure ist dann ein Maß für die vorhandenen sorbierten Basen S. Die Differenz $T-S$ bestimmt er aus der hydrolytischen Acidität, wodurch T im Verein mit der ersten Analyse berechnet werden kann.

Die Sorptionskomplexe des Bodens sind die Vermittler des Basenaustausches. Der Austausch der Kationen findet an der äußeren Ionenschale der Mizelle statt. Ein Ultramikron mit nur äußerer Oberfläche, ein sogenanntes Monon, hat nur extramizellaren Umtausch, ein solches auch mit innerer Oberfläche, ein Polyon, auch intramizellaren Umtausch. Man spricht von Ionen-Eintausch (Hineinwandern in die Mizelle), Ionen-Austausch (Herauswandern aus der Mizelle) und Ionen-Umtausch (beide Vorgänge, also Ein- und Austausch zusammengenommen). Im allgemeinen tauschen die Ionen um so leichter ein und um so schwerer aus, je höherwertiger sie sind, und je schwächer sie hydratisiert sind, und umgekehrt. Eine Ausnahme macht das Wasserstoff-Ion, das sehr leicht eintauscht, leichter als andere Ionen, und sehr schwer umtauscht, was zur Folge hat, daß die Höchstsättigung an Basen sehr schwer eintritt, da eben die letzten Reste von Wasserstoff-Ionen sehr schwer zu verdrängen sind; am einfachsten kann das Wasserstoff-Ion durch Hydroxyl-Ionen ausgetauscht werden. Diese allgemeinen Regeln können aber im besonderen Fall durch verschiedene andere Faktoren Änderungen erleiden; z. B. sind die innenmizellar sorbierten Ionen schwerer austauschbar als die extramizellaren. Je weniger von einem Ionenkomplex vorhanden ist, desto größer ist seine Haftfestigkeit und umgekehrt. Auf diese Weise in geringer Menge vorhandene, fest gebundene Ionen sind für die Pflanzen kaum aufnehmbar und man spricht dann von einem düngerinaktiven Boden bezüglich eines solchen Nährstoffes; wird nämlich ein solcher Nährstoff dem Boden zugeführt, so werden die verabreichten Nährstoffmengen vom Sorptionskomplex festgelegt, bis eine gewisse Nährstoffkonzentration im Acidoid erreicht ist, und erst ein Überschuß kann von den Pflanzen verwertet werden. Die Kenntnis der Haftfestigkeit der Ionen muß deshalb neben deren Gesamtmenge im Sorptionskomplex bekannt sein, um die für die Pflanzen verfügbaren Nährstoffmengen beurteilen zu können.

Wie schon bei früherer Gelegenheit angedeutet, hat besonders Schachtschabel gezeigt, daß es eine selektive Sorption der Tonmineralien für die einzelnen Ionen gibt, d. h. daß diese von jenen sehr unterschiedlich festgelegt werden. Die K- und NH_4-Ionen werden hauptsächlich vom Glimmer, die Ca- und Mg-Ionen vom Humus und vom Montmorillonit sorbiert, die H-Ionen stärker an Glimmer, schwächer an Kaolin und Montmorillonit gebunden. Nach Forschungen von Mattson und Laatsch werden auch Anionen (Bikarbonat- und Phosphat-Ionen) von Tonmineralien festgelegt. Zwischen der Menge des eintauschenden und des in Lösung bleibenden Ions hat Vageler unter Benutzung der von Langmuir-Pauli-Valko aufgestellten Gesetzmäßigkeit eine Formel entwickelt, worin x die Menge des in der Lösung enthaltenden, eintauschenden Ions, y die des austauschenden Ions ist; q und S sind experimentell zu bestimmende, für jeden Boden typische Größen (q heißt der Sorptionsmodul, S ist die Summe der im Sorptionskomplex vorhandenen Basen). Die Formel lautet: $y = \frac{x \cdot S}{x + q \cdot S}$.

Die Eigenschaften der Böden und vor allem ihre Fruchtbarkeit hängen weitgehend vom Belag der Sorptionskomplexe durch die verschiedenen Ionen ab. An einseitig belegten, experimentell erzeugten Acidoiden können solche Eigenschaften am besten studiert werden. Ein Calcium-Acidoid, d. h. ein lediglich mit Ca-Ionen abgesättigter Sorptionskomplex, zeigt eine lockere, körnige Struktur, geringe Viskosität, geringe Hygroskopizität, eine große Wasserdurchlässigkeit, eine geringe Wasserkapazität, eine gute Aussalzbarkeit. Böden, in deren Sorptionskomplexen solche Ca-Acidoide vorherrschen, zeigen eine gute Krümelstruktur, hydrophobe Eigenschaften, die Kolloide sind schwer auswaschbar; solche Böden sind leicht zu bearbeiten. Der Natriumboden dagegen, in welchem die Na-Acidoide vorherrschen, besitzt schleimige Struktur, hohe Viskosität, hohe Hygroskopizität, eine geringe Wasserdurchlässigkeit, eine hohe Wasserkapazität, hydrophile Eigenschaften; trotz des hohen Wassergehaltes ist sein Wasser für die Pflanzen schlecht ausnutzbar. Ein solcher Boden verkrustet leicht, schlämmt leicht dicht, seine Kolloide sind leicht auswaschbar (durchschlämmbar), der Boden zeigt Einzelkornstruktur, er ist schwer zu bearbeiten (in der Praxis daher Minutenboden genannt). Die H-Acidoide liegen mit ihren Eigenschaften zwischen den Ca- und Na-Acidoiden. Die Ca-Acidoide sind typisch für die Schwarzerdeböden, die Na-Acidoida für die Salzböden (Solonetz- und Solontschak-Böden), die freien H-Acidoide für die Bleicherden (Podsol-Böden).

8. Festhaltungsvermögen des Bodens für Nährstoffe

Im Basenaustausch liegt schon eine Möglichkeit des Festhaltungsvermögens des Bodens für auf ihn einwirkende Ionen vor. Insgesamt gibt es nach Gedroiz fünf verschiedene Arten des Festhaltungsvermögens, von Stoffen durch einen Boden, nämlich das mechanische, physikalische, chemische, biologische und physiko-chemische Festhaltungsvermögen. Weitaus das wichtigste Festhaltungsvermögen ist das physikalisch-chemische, das auch Basenaustausch genannt wird und dem physikalisch-chemische Gesetzmäßigkeiten zugrunde liegen. Von einiger Bedeutung ist auch das chemische Festhaltevermögens, das auf der Bildung von schwer löslichen Verbindungen im Boden beruht. Vor allem die Phosphate werden dadurch im Boden festgehalten, und zwar im gesunden, neutralen oder schwach alkalischen Boden durch die Calcium-Ionen als Calciumphosphat, in stark saurem Boden durch die hier vorhandenen Aluminium- und Eisen-Ionen als Aluminium- bzw. Eisenphosphat, welch letztere Substanzen allerdings so schwer löslich sind, daß sie von den Pflanzen nicht aufgenommen werden können. Durch diese Reaktionen wird die Phosphorsäure weitgehend vor der Auswaschung bewahrt. Sulfate werden lediglich von Calcium festgehalten, als schwer lösliches Calcium-Sulfat, alle anderen Basen geben mit Sulfaten leicht lösliche Verbindungen, die auswaschbar sind. Die Chloride und Nitrate werden quantitativ ausgewaschen. Auch das biologische Festhaltevermögen hat einige Bedeutung; es besteht darin, daß Organismen dem Boden zugeführte Nährstoffe für ihre Ernährung aufnehmen, um die betreffenden Stoffe, vor allem Stickstoff, Phosphorsäure, Kalium in ihren Leibern festzuhalten; erst bei ihrem Absterben werden diese Substanzen wiederum für Kulturpflanzen verfügbar. Auf diese Weise werden vor allem durch die Mikroorganismen beträchtliche Mengen Nährstoffe vor der Auswaschung geschützt, dabei zunächst aber auch der höheren Pflanze entzogen. Weniger wichtig sind das mechanische und das physikalische Festhaltungsvermögen. Das erstere ist auf die Fähigkeit des Bodens zurückzuführen, gröbere oder in Suspension vorhandene Teile festzuhalten, wodurch der Boden mechanisch wie ein Filter wirkt, in welchem z. B. Bakterien zurückgehalten werden (Reinigung von Trinkwasser mittels Filtrieren durch Bodenschichten). Das physikalische Festhaltungsvermögen wird durch Oberflächensorption bewirkt.

9. Bodenreaktion und Bestimmung der Kalkbedürftigkeit saurer Böden

Die Reaktion eines Systems kann erschöpfend nur erkannt werden, wenn dreierlei einschlägige Größen bestimmt werden, nämlich die aktuelle Azidität, die Gesamt- oder Titrations- oder potentielle Azidität und die Pufferung.

Die enormen Auswaschungsverluste, denen ein Boden in unserem Klima unterliegt, bewirken einen dauernden Basenverlust, vor allem einen solchen an Calcium-Ionen. Dazu kommt noch, daß ständig durch die Ernten dem Boden große Basenmengen entzogen werden. Ferner treten durch Oxydation der Stickstoffverbindungen im Boden bis zur Nitratstufe bzw. durch Oxydation des Schwefels der Aminosäuren, die von Eiweißkörpern pflanzlicher und tierischer Reste stammen, bis zur freien Schwefelsäure starke Säuren im Boden auf, die zwar normalerweise im gesunden Boden durch Basen neutralisiert werden, die aber auf diese Weise den Sorptionskomplex entbasen, z. B.:

$$(NH_4)_2SO_4 + 4\,O_2 = 2\,HNO_3 + H_2SO_4 + 2\,H_2O.$$

Um die Reaktion eines Bodens beurteilen zu können, ist daher weniger diejenige der Bodenlösung wichtig als die des Bodenkörpers.

a) Qualitative Methoden zur Ermittlung der Bodenreaktion

aa) Salzsäuremethode. Versetzt man einen Boden mit verdünnter Salzsäure, so wird bei Anwesenheit von kohlensaurem Kalk ein deutliches Aufbrausen durch Entwicklung von Kohlendioxyd festzustellen sein. Aus der Art der Gesamtentwicklung, ob gleichmäßig über den ganzen Boden oder nur an einzelnen Stellen des Bodens auftretend, kann man einen Schluß auf die Verteilung des Calciumkarbonats ziehen. Selbstverständlich werden durch diese Salzsäurereaktion nur die Karbonate nachgewiesen und nur der Umstand, daß in unserem Klima die Karbonate fast ausschließlich als Calciumkarbonat vorkommen, gestattet den Schluß auf die Anwesenheit genügender Mengen von kohlensaurem Kalk bei positivem Ausfall der Reaktion. In aridem Klima, in dem die Salzböden in Form der Sodaböden weit verbreitet sind, wäre naturgemäß diese Nachweismethode völlig irreführend, da man mit der Salzsäurereaktion hier nicht Calciumkarbonat, sondern Natriumkarbonat feststellen würde.

bb) Lackmusmethode. Man befeuchtet den Boden in einem Schälchen mit einer verdünnten Kaliumchloridlösung und preßt auf den Boden je einen Streifen von blauem und rotem Lackmuspapier. Je nach der Art der Verfärbung kann man einen Schluß ziehen, ob der Boden sauer, neutral oder alkalisch reagiert. Wichtig dabei ist, daß das Lackmuspapier nicht in die Bodenlösung gelegt wird, sondern unmittelbar mit dem Boden in Berührung kommt.

cc) Rhodanidmethode nach Comber. Bei diesem Verfahren wird die Tatsache, daß in einem stark sauren (austauschsauren) Boden das Eisen löslich ist, zum Nachweis der Azidität benutzt. Einige ccm einer alkoholischen Rhodanidlösung, die durch Auflösung von 40 g KCNS in einem Liter 95%igen Alkohol bereitet worden ist, werden mit der Bodenprobe versetzt; die blutrote Färbung des Eisenrhodanids zeigt die Anwesenheit von Eisen und damit eine stark saure Bodenreaktion an. Wenn man schon ursprünglich mit einer gefärbten Rhodanidlösung (durch Zugabe von Eisen (3) zu obiger Lösung) arbeitet, kann man auch alkalische Böden mit dieser Methode nachweisen; die rote Färbung ist nämlich nur in saurer Lösung beständig, und sie entfärbt sich im alkalischen Gebiet.

dd) Salizylatmethode. Statt einer Rhodanidlösung kann man auch eine Salizylatlösung zum Nachweis des Eisens und damit der Bodenacidität benutzen. Der Vorteil dieser Methode, bei der gewöhnlich 5%ige Alkalisalizylatlösungen verwendet werden (nur bei Moorböden 10%ige), besteht darin, daß man in wäßriger Lösung und daher auch mit feuchten Böden arbeiten kann. Wiederum werden die sauren Böden durch Rotfärbung nachgewiesen. Der Grad der Rotfärbung erlaubt eine Einstufung nach verschiedenen Graden oder verschiedener Stärke der sauren Reaktion. Ein Nachteil der beiden letztgenannten Verfahren ist, daß sie versagen, wenn bei sehr stark sauren Böden das Eisen ausgewaschen worden ist, da dann keine Eisenreaktion auftreten kann. Mit allem Nachdruck muß betont werden, daß diese einfachen qualitativen Verfahren lediglich qualitative Ergebnisse bringen und sie nie die quantitativen Analysen ersetzen können, deren Durchführung unbedingt nötig ist, um ein Bild der genauen Reaktionsverhältnisse zu gewinnen, insbesondere auch über die zur Neutralisation saurer Böden notwendigen Kalkmengen.

b) Quantitative Verfahren zur Bestimmung der Bodenazidität

Je nach dem Verhalten saurer Böden gegenüber Salzlösungen unterscheidet Kappen die hydrolytische und die Austauschazidität. Dieser Forscher nennt die Fähigkeit eines Bodens, aus hydrolytisch gespaltenen Salzen die Basen festzulegen und die entsprechende Säure in Freiheit zu setzen, die hydrolytische Azidität. Gewöhnlich verwendet man heute zu ihrem Nachweis Calciumacetat, das in wäßriger Lösung infolge Hydrolyse alkalisch reagiert, somit OH-Ionen bildet. Diese OH-Ionen sind in der Lage, mit den im Sorptionskomplex sorbierten H-Ionen undissoziiertes Wasser zu bilden; die entsprechende Base, somit Calcium, tritt an Stelle des H-Ions in den Bodenkomplex und es entsteht freie Essigsäure, deren titrimetrische Feststellung ein Maß für die Stärke der hydrolytischen Azidität ergibt. Wenn diese hydrolytische Azidität, die schon bei alkalischer und neutraler Reaktion auftritt, ein gewisses Ausmaß gewinnt, ist dies ein Anzeichen für eine zunehmende Basenverarmung der Sorptionskomplexe. Insofern die Größe der hydrolytischen Azidität eine gewisse Grenze nicht überschreitet, ist sie für das Pflanzenwachstum nicht gefährlich; sie zeigt aber an, daß Entbasung des Bodens eintritt und daß daher dafür gesorgt werden muß, durch Kalkzufuhr diesen Prozeß aufzuhalten. Wird aber dieses Warnungssignal der hydrolytischen Azidität nicht beachtet und keine Kalkdüngung durchgeführt, so schreitet der Vorgang der Entbasung immer weiter fort in dem Maße, daß im Sorptionskomplex die Basen immer mehr durch H-Ionen verdrängt werden und als Folge dann schließlich ein Zerfall des silikatischen Sorptionsträgers eintritt, wodurch Eisen und Aluminium im Basenaustausch auftreten und wasserlösliche, infolge von Hydrolyse sauer reagierende Salze zu bilden vermögen. Wird ein solcher Boden mit einem Neutralsalz, z. B. mit Kaliumchlorid, behandelt, so entsteht nach der schematischen Gleichung

$$AlCl_3 + 3\,H_2O = Al(OH)_3 + 3\,HCl$$

durch Hydrolyse des gebildeten $AlCl_3$ freie Salzsäure, also eine hohe Wasserstoff-Ionenkonzentration, deren Titration ein Maß für die Stärke dieser sogenannten Austauschazidität des Bodens bildet. Auch H-Ionen werden unmittelbar durch Basenaustausch bei den geschilderten Vorgängen frei. Die Austauschacidität ist für das Pflanzenwachstum gefährlich, weniger wegen der hohen Wasserstoff-Ionenkonzentration als wegen der Aluminium-Ionen, die außerordentlich schädlich auf die Pflanzen einwirken.

Die Bestimmung der aktuellen Azidität des Bodens ist deshalb so außerordentlich wichtig, weil von ihr weitestgehend das Wachstum der Mikroorganismen und höheren Pflanzen beeinflußt wird. Die pH-Zahl ist somit ein physiologisches Charakteristikum des Bodens.

Um dagegen die Kalkmengen zu berechnen, die man benötigt, um einen sauren Boden wieder auf eine den Pflanzen zusagende Reaktion zu bringen, ist die Ermittlung der Titrationsazidität notwendig. Die in Frage kommenden Kalkmengen können aber auch aus der Kenntnis der Größe der Pufferung des Bodens ermittelt werden, die überdies einen genaueren Einblick hinsichtlich der Veränderung der Reaktionsverhältnisse ermöglicht.

Die Bestimmung der aktuellen Azidität (Wasserstoff-Ionenkonzentration) wird entweder in einer wäßrigen Bodenaufschlämmung oder in einer solchen in n KCl-Lösung vorgenommen; meist wird dies durch die Symbole pH (H_2O) oder pH (KCl) angegeben. Die Ermittlung der pH-Zahl erfolgt kolorimetrisch oder elektrometrisch. Die letztgenannte Methode ist genauer und allgemeiner anzuwenden, da nicht nur klare Filtrate wie beim kolorimetrischen Verfahren, sondern auch Aufschlämmungen mit ihr gemessen werden können. Deshalb wird heute die pH-Zahl fast nur noch elektrometrisch bestimmt. Von den kolorimetrischen Verfahren seien dasjenige von Michaelis (ohne Pufferlösungen mit Nitrophenol), dasjenige mit dem Universalindikator von Merck (mit Pufferlösungen) und das Verfahren mit dem Doppelkeil-Kolorimeter nach Bjerrum-Arrhenius erwähnt. Bei der elektrometrischen Methode wird der Boden im Verhältnis 1:2,5 mit H_2O oder $\frac{n}{1}$ bzw. $\frac{n}{10}$ KCl durchgeschüttelt und die pH-Zahl nach 10 Minuten mittels eines Elektrometers (Potentiometer nach Lüers) oder einer ähnlichen vereinfachten Apparatur nach dem Prinzip der potentiometrischen Messungen, meist unter Verwendung der Chinhydronmethode, ermittelt. Die Apparatur wird laufend mittels Standard-Acetatlösung von Michaelis (pH 4,62 bei 18 Grad Celsius) überprüft. Auf Grund der Beschlüsse des Verbandes Deutscher Untersuchungs- und Forschungsanstalten ist folgendes Beurteilungsschema aufgestellt worden:

Bodenklasse	pH in der KCl-Aufschw.	Urteil	Farbe bei der Bodenkartierung	
			alter Vorschlag	neuer Vorschlag
V	bis 4,5	stark sauer	schwarz	rot
IV	4,51—5,5	sauer	dunkelrot	gelb
III	5,51—6,5	schwach sauer	hellgrün	grün
II	6,51—7,2	neutral	gelb	blau
I	über 7,2	alkalisch	blau	violett

Zu beachten ist, daß die pH-Zahl in der KCl-Aufschlämmung fast immer niedriger ist als in der wäßrigen, ebenso im KCl-Filtrat niedriger als im wäßrigen Filtrat. Außerdem ist noch die Erscheinung von Bedeutung, daß die klaren Filtrate eine höhere pH-Zahl aufweisen als die Suspensionen. Dieser sogenannte Suspendierungseffekt von Wiegner-Pallmann ist darauf zurückzuführen, daß bei Suspensionen, also Aufschwemmungen, nicht nur die freien Ionen (nach Wiegner auch „Voll-Ionen" genannt) zur Messung gelangen, wie im klaren Filtrat, sondern auch die an den Sorptionskomplexen des Bodens sorbierten Ionen (Ultra-Ionen nach Wiegner).

Die Bestimmung der Titrations-Azidität muß verschieden vorgenommen werden, je nachdem es sich um die Ermittlung der gesamten Austausch-Azidität oder der gesamten hydrolytischen Azidität handelt. Die Austausch-Azidität wird nach der Methode Daikuhara in der Weise bestimmt, daß 100 g Boden mit 250 ccm n KCl-Lösung eine Stunde lang geschüttelt und filtriert werden; vom Filtrat werden 125 ccm unter Verwendung von Phenolphthalein als Indikator mit $\frac{n}{10}$ NaOH titriert; dieser Titrationswert wird mit y_1 bezeichnet und meist wird die Austauschazidität in der Form des y_1-Wertes angegeben.

Die Gesamtsäure für 100 g Boden wird durch Multiplikationen von y_1 mit 3,5 ermittelt: $S = y_1 \cdot 3{,}5$. Die äquivalente Kalkmenge bewirkt die Einstellung auf eine pH-Zahl von 6,0.

Bei der Bestimmung der hydrolytischen Azidität wird so verfahren, daß 100 g Boden mit 250 ccm n Calciumacetat-Lösung eine Stunde lang geschüttelt und vom Filtrat 125 ccm unter Verwendung von Phenolphthalein mit $\frac{n}{10}$ NaOH titriert werden; der so erhaltene Wert y_1 dient meist zur Angabe der hydrolytischen Azidität. Nach Kappen wird die Gesamtsäure der hydrolytischen Azidität für 100 g Boden durch Multiplikation von y_1 mit 3 bestimmt. Erfahrungsgemäß ist die äquivalente Kalkmenge ausreichend zur Einstellung des Bodens auf die pH-Zahl von 7. Durch Multiplikation von y_1 mit 4 gelangt man zur pH-Zahl 7,5, mit 5 zur pH-Zahl 8,0, mit 6,5 zur pH-Zahl 8,5.

Die Ermittlung der Bodenpufferung erfolgt am besten nach der Methode der elektrometrischen Neutralisation von Jensen. Zu je 10 g Boden fügt man in Erlenmeyer-Kölbchen steigende Menge von $\frac{n}{10}$ $Ca(OH)_2$ bzw. $\frac{n}{10}$ HCl und ermittelt nach drei Tagen die pH-Zahl in der Bodenaufschwemmung elektrometrisch. Die so erhaltenen pH-Werte werden in ein Koordinaten-System eingetragen, und zwar auf der Abszisse rechts vom Ursprung die Anzahl an ccm $\frac{n}{10}$ HCl, links vom Ursprung die Anzahl ccm $\frac{n}{10}$ $Ca(OH)_2$, auf der Ordinate die pH-Werte; die erhaltenen Punkte verbunden, geben die Pufferungskurve des Bodens. Jensen bezieht die so erhaltene Pufferkurve eines Bodens auf seine eigene Pufferungskurve bei völliger Pufferfreiheit dadurch, daß er einen schon ursprünglich pufferarmen Sandboden noch zusätzlich mit Salzsäure behandelt, die Säure auswäscht und diesen Boden in der angegebenen Weise ebenfalls elektrometrisch titriert. Durch Verschiebung der Pufferkurve dieses Bodens in der Ordinate bis zum pH-Wert des Versuchs-

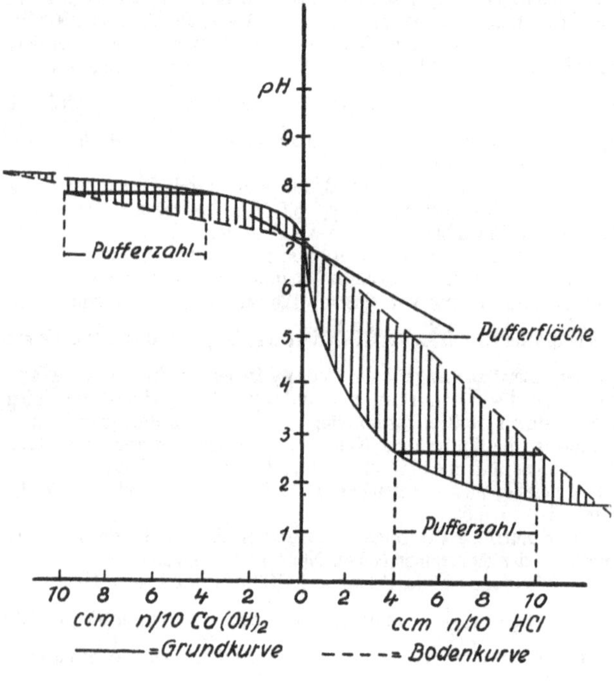

bodens entsteht eine Pufferfläche, die bei guter Pufferung groß, bei schlechter klein ist und damit ein Maß für die Stärke der Pufferung darstellt. Jensen verwendet zur Kennzeichnung des Ausmaßes der Pufferung auch die Pufferzahl, worunter er die Anzahl ccm $\frac{n}{10}$ HCl versteht, die von 10 ccm dem Boden zugesetzter Salzsäure durch diesen Boden abgepuffert wird.

Die Pufferung des Bodens wird hauptsächlich durch eine Reihe von Puffergemischen bewirkt; sie beruht somit auf einer Pufferung durch Dissoziationsverschiebung. Ein sehr wichtiges Puffersystem ist die Kombination Calciumbikarbonat und freie Kohlensäure, die im gesunden calciumkarbonathaltigen Boden durch Lösen des Kalkes infolge der bei der Bodenatmung gebildeten Kohlensäure entsteht. Weitere gute Puffergemische sind Huminsäuren-Humate bzw. Phosphorsäure mit ihren Salzen. Das wesentlichste Puffersystem stellen aber die freien Acidoide mit ihren Salzen dar. In unserem Klima sind die Acidoide nie restlos mit Kationen abgesättigt, sondern in den Sorptionskomplexen sind immer freie Acidoide enthalten, so daß dadurch ausgezeichnete Puffersysteme gegeben sind. Die Pufferung des Bodens, somit der Widerstand, den ein Boden der Änderung seiner Reaktion entgegensetzt, ist für dessen Fruchtbarkeit von ausschlaggebender Wichtigkeit, da ein gut gepufferter Boden durch Säureeinwirkung wenig in seiner pH-Zahl geändert wird, was für das Pflanzenwachstum wesentlich ist. Böden, die eine gute Bodenatmung, somit ein reiches Mikroorganismenleben mit viel Nährhumus, mit Kalk- und Tonkomplexen besitzen, puffern naturgemäß besser als leichte und bakterienarme Sandböden.

Bei der Betrachtung des Einflusses der Bodenreaktion auf die Bodenfruchtbarkeit muß hervorgehoben werden, daß stark alkalische Reaktion ebenso schädlich, ja fast noch gefährlicher für das Pflanzenwachstum ist als stark saure Reaktion; neutrale, schwach saure bis schwach alkalische Reaktion ist im allgemeinen am günstigsten für die Entwicklung der Pflanze, wobei die einzelnen Pflanzen sich wiederum verschieden verhalten. Schon bei den Mikroorganismen sind Unterschiede festzustellen, indem auf sauren Böden hauptsächlich Pilze, auf alkalischen und neutralen Böden Bakterien und Aktinomyzeten vorherrschen. Bei den landwirtschaftlichen Nutzpflanzen gibt es azidophile (schwach saure Reaktion liebende) und azidophobe Pflanzen. Die Azidophilen haben ihre günstigste Wachstumsentwicklung bei der pH-Zahl von etwa 6,0, die Azidophoben bei pH 7,0. Zu den Azidophilen gehören Hafer, Roggen, Mais, Kartoffeln, Rübsen, Serradella, Lupine; zu den Azidophoben Weizen, Gerste, Raps, Zuckerrübe, Futterrübe, Luzerne, Rotklee. Auch bei den forstlichen und gärtnerischen Nutzpflanzen sind solche Unterschiede festzustellen; die Nadelhölzer bevorzugen im allgemeinen saure, die Laubhölzer neutrale bis alkalische Reaktion. Fuchsien, Hortensien, Kamelien, Eriken, Azaleen, Begonien, Pelargonien, Rhododendron haben ihr Wachstumsoptimum im sauren Gebiet; Chrysanthemen, Maiblumen, Nelken, Rosen im neutralen bis alkalischen.

Auch in chemischer Hinsicht ist saure Bodenreaktion schädlich, da solche Böden durch Auswaschung der Nährstoffe und Zerstörung des Sorptionskomplexes nährstoffarm sind; die Phosphorsäure wird dabei zwar nicht ausgewaschen, aber unlöslich an Aluminium und Eisen als entsprechendes Phosphat festgelegt und dadurch für die Pflanzen nicht mehr verwertbar. Diese Festlegung der Phosphorsäure tritt auf austauschsaurem Boden ein, somit bei einer pH-Zahl kleiner als 5,3.

c) Bestimmung des Kalkbedarfs saurer Böden

Aus dem Besprochenen geht hervor, daß die pH-Zahl uns zwar einen Hinweis darüber gibt, ob der betreffende Boden sauer ist oder nicht, mithin Kalk benötigt oder nicht, uns auch angibt, ob diese oder jene Pflanze auf einem bestimmten Boden gedeihen kann; sie sagt uns aber nichts darüber aus, welche Kalkmenge ein saurer Boden zu seiner Neutralisation benötigt (Gesundungskalkung) bzw. welche Kalkmenge ein Boden laufend in unserem humiden Klima braucht, um nicht sauer zu werden (Erhaltungskalkung). Hierfür ist die Kenntnis der Titrationsazidität bzw. der Pufferkraft des Bodens wesentlich. Nach den Angaben von Kappen genügt es, bei azidophilen Pflanzen, die schwache Säuren lieben, die Austauschazidität wegzuschaffen. Die hierfür nötigen Kalkmengen werden durch Bestimmung der Austauschazidität berechnet. Man schüttelt den Boden wie oben angegeben mit $\frac{n}{1}$ KCl-Lösung aus, bestimmt y_1 und multipliziert diesen Wert mit 3,5. Man rechnet dabei mit einer Bodenmenge von 3.10^6 kg/ha unter Annahme einer Ackerkrumentiefe von 20 cm und eines Bodenlitergewichtes von 1500 g. Die jeweilige Gesamtsäuremenge wird mit 1,5 multipliziert, um die notwendige Menge $CaCO_3$ dz/ha bzw. mit 0,84, um die Menge CaO dz/ha zu ermitteln. Die der Gesamtsäure äquivalente Kalkmenge wird mit 1,5 multipliziert, da, worauf Kappen hinweist, im Freiland nicht die innige Vermischung von Kalk mit dem Boden vor sich gehen kann wie beim Laboratoriumsversuch.

Für die azidophoben Pflanzen muß nicht nur die Austauschazidität, sondern auch der Hauptteil der hydrolytischen Azidität bis zum Neutralpunkt (pH 7,0) weggeschafft werden. Bei sauren Böden, auf denen azidophobe Pflanzen angebaut werden sollen, wird die hydrolytische Azidität durch Ausschütteln mit Calciumazetat ermittelt. Der Wert y_1 wird mit 3,0 multipliziert und die nötige Kalkmenge, wie oben angegeben, berechnet. Kappen schlägt vor, in diesem Falle das $1^1/_4$fache der so berechneten Kalkmenge zu nehmen.

Die Ermittlung des Kalkbedarfes eines Bodens kann auf auch Grund der schon geschilderten Methode der elektrometrischen Neutralisation nach Jensen vorgenommen werden; ferner nach dem Verfahren der elektrometrischen Titration nach Goy-Roos, wobei der Boden mit KCl aufgeschlämmt und nach ½stündigem Stehenlassen auf elektrometrischem Wege die pH-Zahl bestimmt wird. In der gleichen Aufschlämmung wird in genau 1 Minute Abstand je 1 ccm $\frac{n}{5}$ NaOH hinzugegeben und jeweils die veränderte pH-Zahl festgestellt, bis eine pH-Zahl von 7,0 erreicht wird. Besonders bewährt hat sich die Methode zur Bestimmung des Kalkbedarfes nach Schachtschabel, der den Bedarf an Kalk unter Zuhilfenahme des pH-Wertes in einer $\frac{n}{1}$ oder $\frac{n}{10}$ KCl-Ausschüttelung und des pH-Wertes einer Calcium-Azetat-Suspension auf Grund von Tabellen bestimmt.

10. Die Bestimmung der Düngerbedürftigkeit der Böden an Phosphorsäure und Kalium

Um eine sachgemäße Düngung durchführen zu können, ist es notwendig, über den Vorrat der Böden an pflanzenaufnehmbaren (wurzellöslichen) Nährstoffen ein richtiges Bild zu gewinnen. Die letzten Jahrzehnte agrikulturchemischer Forschung haben sich intensiv mit der Ausarbeitung solcher Methoden beschäftigt, wobei sowohl rein chemische, wie auch physikalisch-chemische, pflanzenphysiologische sowie mikrobiologische Verfahren benutzt wurden. Von allen diesen Methoden werden heute hauptsächlich nur mehr zwei in der Praxis der landwirtschaftlichen Versuchsstationen angewendet, nämlich die Keimpflanzenmethode von Neubauer-Schneider und die Doppellaktat-Methode von Egnér-Riehm.

a) Methode Neubauer (Keimpflanzenmethode)

Bei der Keimpflanzenmethode nach Neubauer-Schneider werden 100 g wasserfreier Feinboden der zu untersuchenden Bodenprobe in kreisrunden Schalen (Neubauer-Schalen) mit 50 g Grobsand vermischt, 250 g Feinsand aufgeschichtet und 100 Roggenkörner eingesät Nach 17 Tagen wird geerntet und die Roggenpflänzchen auf Phosphorsäure und Kalium untersucht. Von den erhaltenen Werten werden jene Mengen an P und K abgezogen, die im Saatgut und in dem zum Versuchsboden zugemischten Sande enthalten sind und die durch einen Blindversuch ausgewertet werden. Man hat das Verfahren von Neubauer zu einem Schnellverfahren dadurch ausgestaltet, daß man die Ernte schon nach 14 Tagen vornimmt und das Kalium flammenphotometrisch, die Phosphorsäure photokolorimetrisch ermittelt. Die sogenannten Neubauer-Zahlen stellen die mg an den Nährstoffen P_2O_5 und K_2O in 100 g wasserfreier Feinerde dar: sie werden unter Zugrundelegung einer Ackerkrumenmenge von 3 Millionen kg je ha so ausgewertet, daß 1 mg P_2O_5 bzw. 1 mg K_2O einen Vorrat von 30 kg P_2O_5 bzw. 30 kg K_2O je ha bedeuten.

Von Neubauer sind für mittlere und hohe Ernten nachstehender Früchte folgende Grenzzahlen angegeben worden:

Frucht	Phosphorsäure (mg P_2O_5)		Kalium (mg K_2O)	
	mittlere Ernte	hohe Ernte	mittlere Ernte	hohe Ernte
Roggen	4	5	13	17
Weizen	4	5	15	20
Gerste	5	6	19	24
Hafer	4	6	16	21
Kartoffeln	5	6	28	37
Zuckerrüben	5	6	19	25
Futterrüben	6	7	29	39
Raps	7	9	15	18
Rotklee	4	5	19	25
Luzerne	7	9	25	35
Wiesenheu	4	5	19	25

Die Landwirtschaftliche Versuchs- und Forschungsanstalt Augustenberg benutzt zur Auswertung der Ergebnisse folgende Grenzwert-Tabelle:

Grenzwerte für Phosphorsäure (P_2O_5) und Kali (K_2O)

Klasse Bewertung	Phosphorsäure mg P_2O_5/100 g Boden			Kali mg K_2O/100 g Boden		
	S, hS	l S, sL	L, tL, T	S, hS	l S, sL	L, tL, T
I sehr gut	7,0—	8,0—	9,0—	20,0—	30,0—	40,0—
II gut	5,0—6,9	6,0—7,9	7 0—8,9	15,0—19,9	22,0—29,9	28,0—39,9
II mittel	3,0—4,9	4,0—5,9	5,0—6,9	12,0—14,9	15,0—21,9	19,0—27,9
IV arm	1,0—2,9	2,0—3,9	3,0—4,9	8,0—11,9	10,0—14,9	12,0—18,9
IV sehr arm	0—0,9	0—1,9	0—2,9	0—7,9	0—9,9	0—11,9

Gewöhnlich verwendet man zur Auswertung der erhaltenen Neubauer-Zahlen folgendes vereinfachtes Schema:

	Gehalt an K_2O mg	P_2O_5 mg
arm	0—15	0—4
mittel versorgt .	15,1—25	4,1—6
gut versorgt . .	über 25	über 6,0

b) Doppellaktatmethode nach Egnér-Riehm

Ursprünglich hat Egnér zur Bestimmung des wurzellöslichen Kaliums Monochloressigsäure als Lösungsmittel verwendet, zur Ermittlung der wurzellöslichen Phosphorsäure eine Lösung von Calciumlaktat, die durch Zusatz von Salzsäure auf eine pH-Zahl von 3,5 eingestellt worden war. Riehm fand nun, daß man mit der doppelten Konzentration der ursprünglichen Laktatlösung imstande ist, in einem Arbeitsgang sowohl Phosphorsäure als auch Kalium zu ermitteln. Nach Egnér-Riehm wird daher die Bodenprobe mit einer solchen Doppellaktatlösung ausgeschüttelt. Man behandelt 5 g Boden mit 250 ccm einer Doppellaktatlösung von dem pH-Wert 3,55 und bestimmt im Filtrat die Phosphorsäure nach der photokolorimetrischen Methode von Riehm-Lange, das Kalium flammenphotometrisch mit dem Multiflexgalvanometer. Für die Auswertung werden auch hier Grenzzahlen zugrunde gelegt, wobei auch die pH-Zahlen der Böden nach folgendem Schema zu berücksichtigen sind:

a) Phosphorsäure (mg P_2O_5/100 g Boden)

	bei einem pH-Wert bis 5,5	5,6–6,5	6,6 u. höher
Leichte Böden: Sandböden + lehmiger Sand			
III schlecht versorgt . . .	bis 7,0	bis 8,5	bis 10
II mäßig versorgt	7,1–14,0	8,6–17,0	10,1–20,0
I gut versorgt	über 14,0	über 17,0	über 20,0
Mittlere Böden: sandige Lehme + Lehm			
III schlecht versorgt . .	bis 5,0	bis 6,0	bis 7,5
II mäßig versorgt .	5,1–10	6,1–12,0	7,5–15,0
I gut versorgt	über 10,0	über 12,0	über 15,0
Schwere Böden: tonige Lehme + Ton			
III schlecht versorgt . .	bis 4,0	bis 5,0	bis 6,0
II mäßig versorgt	4,1–8,0	5,1–10,0	6,1–12,0
I gut versorgt	über 8,0	über 10,0	über 12,0

b) Kali (mg K_2O/100 g Boden)*

	bei einem pH-Wert bis 5,0	5,1–6,0	6,1–7,0	über 7,0
III schlecht versorgt (unbedingt bedürftig)	bis 10,0	bis 9,0	bis 8,0	bis 7,0
II mäßig versorgt . (schwach bedürftig)	10,1–20,0	9,1–18,0	8,1–16,0	7,1–14,0
I gut versorgt . . (nicht bedürftig)	über 20,0	über 18,0	über 16,0	über 14,0

Das Schema für die Beurteilung der Kalibedürftigkeit ist in jüngster Zeit von Riehm wesentlich vereinfacht und unabhängig vom pH-Wert und Bodenart angegeben worden:

	mg K_2O/100 g Boden
III schlecht versorgt (unbedingt bedürftig)	unter 10
II mäßig versorgt (schwach bedürftig)	10–20
I gut versorgt (nicht bedürftig)	über 20

c) Methode Mitscherlich

Das schon früher besprochene Ertragsgesetz von Mitscherlich kann zur Bestimmung der im Boden vorhandenen pflanzenverfügbaren Nährstoffmengen herangezogen werden, wobei man es am besten so formuliert: $\log (A-y) = \log A - c(x+b)$, wobei x die durch Düngung gegebene Nährstoffmenge, b den Nährstoffgehalt des Bodens, y den zugehörigen Ertrag, A den Höchstertrag und c den Wirkungswert bedeutet. Aus dieser Formel berechnet sich der Nährstoffgehalt b des Bodens: $b = \frac{\log A - \log (A-y_0)}{c}$, wobei y_0 den Ertrag ohne zusätzliche Zufuhr des in Frage kommenden Nährstoffes bedeutet. Mit dem zu prüfenden Boden wird ein Gefäßversuch angesetzt, wobei der Boden im Verhältnis 1:2 mit Glassand gemischt und einerseits eine Volldüngung verabreicht wird, andererseits Düngungsreihen „Volldüngung ohne N", „Volldüngung ohne K", „Volldüngung ohne P" eingeschaltet werden. Über Einzelheiten muß auf die Originalliteratur verwiesen werden[1]).

Von den mikrobiologischen Methoden zur Ermittlung der Düngerbedürftigkeit der Böden seien nur kurz erwähnt das Azotobakter-Verfahren zur Ermittlung der wurzellöslichen Phosphorsäure und des Calciums nach Christensen und die Aspergillusmethode nach Niklas, bei welcher P, K und Mg bestimmt werden können; der Boden wird dabei mit einer bestimmten Nährlösung versetzt, die u. a. auch 1% Zitronensäure enthält, und mit Aspergillus niger geimpft; das Wachstum dieses Pilzes wird gewichtsmäßig festgestellt und aus entsprechenden Bewertungstabellen die Düngerbedürftigkeit abgelesen. Eine interessante physikalisch-chemische Methode ist diejenige von Vageler-Alten; sie ist von universeller Anwendbarkeit, aber für unsere mitteleuropäischen Verhältnisse zu langwierig in der Durchführung.

V. Düngung und Düngermittel

1. Allgemeines

Aus dem Gesetz des Minimums von Liebig bzw. dem Mitscherlichschen Wirkungsgesetz der Wachstumsfaktoren geht deutlich hervor, wie wichtig ein genügender Nährstoffvorrat des Bodens für den Pflanzenertrag ist. Nun gibt es aber nur wenige Böden, die über sehr große Nährstoffvorräte ver-

[1]) Vgl. z. B. F. Dühring, Das Verfahren Mitscherlich, in F. Honcamp, Handb. der Pflanzenernährung und Düngerlehre, Bd. 1, Berlin 1931.

fügen. Es sind vor allem zwei Ursachen, die große Nährstoffverluste bedingen, nämlich die Auswaschung der Nährstoffe und die intensiven Ernten. Durch mittlere Ernten werden dem Boden etwa folgende Nährstoffmengen entzogen:

Fruchtart	Ernte dz/ha		N	P_2O_5	K_2O	CaO
W.-Roggen	20 Korn	50 Stroh	50	30	60	15
	30 Korn	70 Stroh	75	40	90	25
W.-Weizen	24 Korn	41 Stroh	70	30	60	20
	36 Korn	62 Stroh	100	45	90	30
S.-Weizen . . .	20 Korn	36 Stroh	60	25	50	15
	28 Korn	50 Stroh	85	35	75	20
W.-Gerste.	26 Korn	43 Stroh	70	30	70	20
	38 Korn	62 Stroh	105	45	100	35
S.-Gerste	24 Korn	35 Stroh	55	30	50	15
	35 Korn	50 Stroh	80	40	70	20
Hafer	24 Korn	36 Stroh	65	35	70	20
	36 Korn	54 Stroh	100	50	105	30
Körnermais. . . .	30 Korn	52 Stroh	75	35	80	25
	45 Korn	75 Stroh	115	50	120	40
W.-Raps	16 Korn	34 Stroh	80	45	75	95
	24 Korn	50 Stroh	120	70	115	145
Hanf.	8 Korn	55 Stroh	70	35	70	140
	12 Korn	90 Stroh	105	50	105	200
Flachs (Lein) . . .	8 Korn	48 Stroh + Kapseln	60	40	80	30
Frühkartoffeln . .	180 Knollen	75 Kraut	85	30	140	75
Spätkartoffeln . .	180 Knollen	60 Kraut	85	30	140	65
	320 Knollen	100 Kraut	150	55	250	105
Zuckerrüben . . .	300 Rüben	190 Kraut	120	45	160	65
	400 Rüben	250 Kraut	160	60	215	90
Futterrüben . . .	450 Rüben	110 Kraut	120	40	210	30
	700 Rüben	175 Kraut	180	60	330	40
Möhren	300 Wurzeln	100 Kraut	90	40	165	100
Steckrüben (Kohlrüben, Wruken) . . .	400 Rüben	80 Kraut	120	60	190	70
Erbsen.	20 Korn	32 Stroh	125	30	65	65
	27 Korn	40 Stroh	150	40	80	80
Ackerbohnen . . .	20 Korn	32 Stroh	130	40	100	80
	28 Korn	45 Stroh	180	55	140	110
Lupine.	20 Korn	35 Stroh	150	40	90	45
Luzerne	80 Heu		215	55	150	240
	120 Heu		325	85	230	360
Rotklee	60 Heu		150	40	120	130
	80 Heu		200	50	160	175
Wiesen.	50 Heu		85	40	90	60
(2 Schnitte). .	90 Heu		155	65	160	100

Aus diesen Zahlen ist zu entnehmen, wie insbesondere der heute so notwendige intensive oder verstärkte Hackfruchtbau, ferner der Ölfrucht- und Feldgemüsebau dem Boden weitestgehend Nährstoffe entziehen.

Nach Penck unterscheidet man das humide, aride und nivale Klima; das Verhältnis von Niederschlag zu Verdunstung ist maßgebend dafür, ob wir von einem humiden oder ariden Klima sprechen können. Vermögen die gefallenen Niederschläge nicht restlos zu verdunsten, so spricht man von humidem Klima; in diesem Klima überwiegen somit die Niederschläge die Verdunstung. Im ariden Klima dagegen könnte viel mehr Wasser verdunsten, als durch die Niederschläge geliefert wird. Im humiden Klima, in welchem der Überschuß an Feuchtigkeit durch Sicker- und Tageswässer weitergeleitet wird, werden durch dieses Überwiegen der Niederschläge über die Verdunstung die Nährstoffe in die Tiefe gespült, während ihr Wiederaufsteigen in diesem Klima durch kapillare Kräfte nur vorübergehend in längeren Trockenperioden eintritt; dies hat zur Folge, daß im humiden Klima die Nährstoffe immer mehr aus jenen oberen Schichten des Bodens, die in erster Linie der Pflanzenernährung dienen, in tiefere Regionen befördert werden, von hier jedoch nur selten wieder, z. B. aus dem Grundwasser durch kapillare Kräfte, emporsteigen; meist jedoch werden sie mit den Niederschlagswässern endgültig ausgeschwemmt und sie gehen auf diese Weise für die Pflanzenernährung unwiderruflich verloren. Im humiden Klima wird somit systematisch im Laufe der Zeit eine Verarmung der Böden durch Auswaschung der Nährstoffe eintreten, falls nicht durch entsprechende Eingriffe des Menschen diesem Prozeß vorgebeugt wird. Ganz anders liegen die Verhältnisse im ariden Klima. Von einer Auswaschung der Pflanzennährstoffe des Bodens kann hier nicht gesprochen werden, sondern durch die überwiegende Verdunstung an der Bodenoberfläche wird ein ständiger kapillarer Aufstieg der Nährstoffe aus den unteren Bodenschichten in die oberen in die Wege geleitet, der schließlich zu einer starken Anreicherung von Bodensalzen in den oberen Bodenschichten führen kann, so daß man im Grenzfall eine Verkrustung und Versalzung solcher Böden zu erwarten hat. Es erfolgt hier somit eine Anreicherung der Bodennährstoffe, aber auch sonstiger leicht löslicher Bodensalze in einer Weise, daß oftmals dadurch das Pflanzenwachstum infolge einer übermäßigen Konzentration gewisser Substanzen, besonders von Sulfaten, Chloriden, Nitraten, Karbonaten oder Alkalien, geschädigt wird und Maßnahmen getroffen werden müssen, um diesen Prozeß, der vielfach zu sogenannten Ausblühungen (Effloreszenzen) von Salzen an der Bodenoberfläche führen kann, zu verhindern.

Die Beweglichkeit der Nährstoffe und damit letzten Endes im humiden Klima ihre Auswaschung hängt naturgemäß von der Stärke ihrer Bindung im Boden ab. Soviel man heute auf Grund von Untersuchungen mittels Lysimeter sowie aus Analysen von Sicker- bzw. Dränagewässern und Bodenpreßsäften weiß, unterliegen die einzelnen Nährstoffe einer sehr verschiedenen Auswaschung. Für die praktische Düngung von größter Bedeutung ist, daß von den wichtigsten Kationen die Ammonium- und Kalium-Ionen am stärksten vom Boden festgehalten bzw. am wenigsten ausgewaschen werden, obwohl auch der Höhe der Ausschwemmung dieser Ionen durchaus nicht unterschätzt werden darf. Insbesondere aber wird das zur Erhaltung der Bodenfruchtbarkeit so wichtige Calcium-Ion bedauerlicherweise am stärksten von allen Kationen ausgewaschen, und zwar in Mengen, die geradezu als gewaltig bezeichnet werden müssen; etwas weniger stark ausgeschwemmt werden das Magnesium-Ion und das Natrium-Ion. Ordnen wir die Kationen nach der Stärke ihrer Auswaschung im Boden in eine Reihe, so kommen wir ungefähr zu folgender Ungleichung, die von links nach rechts der Größe nach abnimmt:

$$Ca^{++} > Mg^{++} > Na^{+} > K^{+} > NH_4^{+}$$

Bei den Anionen liegen die Verhältnisse so, daß neben den meist unnützen Chlor-Ionen das für die Pflanzenernährung wichtige Sulfat- und das noch wichtigere Nitrat-Ion fast vollständig ausgewaschen werden, während das Phosphat-Ion kaum zur Ausschwemmung kommt, so daß wir von praktischen Gesichtspunkten aus sagen können, daß es dem Boden durch die Niederschläge nicht entzogen wird. Ordnen wir die Anionen nach der Stärke der Auswaschung in eine Reihe so erhalten wir etwa die von links nach rechts abnehmende Ungleichung:

$$Cl^-, SO_4, NO_3^- > PO_4$$

Um aus einigen Zahlen ein ungefähres Bild von der Größe der Auswaschung einiger Elemente zu gewinnen, sind nachstehende Ergebnisse der Lysimeter-Versuche der Landwirtschaftlichen Versuchsstation Darmstadt aus den Jahren 1928—1937, also während eines Zeitraumes von zehn Jahren, wiedergegeben, wobei zu berücksichtigen ist, daß in diesem Zeitpunkt in der genannten Gegend die durchschnittlichen Niederschläge 650 mm jährlich betrugen:

Boden	Alljährliche Sickerwassermenge in t/ha	In dem Sickerwasser waren in kg/ha gelöst an			
		CaO	K_2O	N	P_2O_5
Sandboden	2888	392	99	51	2,5
Lößlehm .	1989	418	49	38	2,0
Löß	1821	380	63	37	1,9
Lehm	2921	385	85	49	2,5

Deutlich geht aus den Ergebnissen der Darmstädter Versuche hervor, daß die Verluste, welche die Böden alljährlich an Stickstoff, Kalium und Calcium durch Auswaschung erleiden, gewaltig sind, während das Phosphorsäurekapital des Bodens dadurch praktisch überhaupt keine Einbuße erleidet, ein Umstand, der als wahrer Glücksfall bei der Knappheit der Phosphatquellen des mitteleuropäischen Raumes angesehen werden muß.

Sowohl der starke Nährstoffentzug neuzeitlicher Ernten wie auch die hohen Nährstoffverluste durch Auswaschung bewirken somit einen dauernden, hohen, unwiderbringlichen Ausfall dieser Substanzen und nur eine Zufuhr solcher Nährstoffe durch den Menschen vermag hier einen Ausgleich zu schaffen. Unter den praktischen Verhältnissen des Anbaues landwirtschaftlicher und gärtnerischer Kulturpflanzen müssen wir aber bestrebt sein, die Bodenfruchtbarkeit dadurch zu erhalten, daß der hierfür so notwendige Kalk, der nach dem Erwähnten in sehr starkem Maße ständig ausgewaschen wird, und die organischen Stoffe, die zum Teil als Nährhumus stark oxydiert werden, wobei durch Auflösung des kohlensaueren Kalkes in Calciumbikarbonat durch die dabei entwickelte Kohlensäure die so wichtigen Calcium-Ionen in den Boden gelangen, ständig ersetzt werden.

Die Aufgabe der Düngung ist somit nach der klassischen Definition Adolf Mayers eine doppelte, nämlich einerseits Erhöhung bzw. Erhaltung der Bodenfruchtbarkeit, andererseits Steigerung der Ernteerträge. Unter Düngung versteht man daher nach diesem Forscher die Aufbringung von Stoffen auf landwirtschaftlich und gärtnerisch genutzten Flächen, um die Bodenfruchtbarkeit zu erhalten und zu erhöhen und die Ernteerträge zu steigern. Die erste Aufgabe wird in erster Linie durch die Wirtschaftsdüngermittel und den Kalk, die zweite durch die Handelsdünger erfüllt. Daraus geht schon hervor, daß es abwegig ist, die Frage aufzuwerfen, ob Handels- oder Wirtschaftsdüngermittel anzuwenden seien. Beide sind in einer intensiven Landwirtschaft nötig, wobei die Wirtschaftsdüngermittel auch die Grundlage für die Anwendung der Handels- oder Mineraldüngermittel bilden. Es genügt somit nicht, lediglich der Pflanze Nährstoffe zuzuführen, sondern eine richtige Düngung muß auch um die Erhaltung der Bodenfruchtbarkeit besorgt sein.

Wir können nun die Düngermittel nach den verschiedensten Gesichtspunkten einteilen. Am gebräuchlichsten ist die schon kurz angedeutete Einteilung in Wirtschafts- und Handelsdüngermittel, wobei man, da die meisten dieser Handelsdünger Mineralsalze darstellen, Handelsdünger vielfach mit Mineraldünger gleichsetzt; dieser Sprachgebrauch ist allerdings nicht ganz exakt, da es auch organische Handelsdünger gibt. Die Wirtschaftsdünger sind voluminöse organische Massen, meist kolloider Natur, mit einer geringen Konzentration an eigentlichen Pflanzennährstoffen. Die Mineraldünger sind anorganische Körper meist kristallinischer Natur und enthalten die Pflanzennährstoffe in konzentrierter Form. Vielfach ist auch noch die Einteilung in absolute und relative Düngermittel üblich, wobei die absoluten gegebenenfalls alle Aufgaben der Düngung erfüllen können, die relativen nur die Zufuhr von Pflanzennährstoffen bewirken. Man spricht auch von direkten und indirekten Düngermitteln. Die direkten sind die Träger der eigentlichen Pflanzennährstoffe, die indirekten wirken nur mittelbar auf die Pflanze dadurch, daß sie in erster Linie die Fruchtbarkeit des Bodens erhöhen und damit die Grundlage für eine gedeihliche Wirkung der Nährstoffdünger bilden; hierher gehören die Wirtschaftsdünger und die Kalkdüngermittel. Wichtig ist ferner die Einteilung in physiologisch saure und physiologisch alkalische Düngermittel und diejenige nach ihrer Einwirkung auf den Boden.

Die Ursache der verschiedenen physiologischen Reaktion von Mineralsalzen wurde schon früher erörtert; hier genügt es daher, zu erwähnen, daß zu den physiologisch sauren Düngermitteln alle Ammonium- und Kalisalze, zu den physiologisch alkalischen alle Salpeterarten, sowie Thomasphosphat, Rhenania-Phosphat und Kalkstickstoff gehören, während Superphosphat annähernd physiologisch neutral reagiert. Kappen teilt die Handelsdünger in bodenabbauende oder bodenverschlechternde, in bodenschonende oder bodenerhaltende und schließlich in bodenaufbauende oder bodenverbessernde Düngermittel ein. Zur Gruppe der bodenabbauenden gehören die Ammonsalze und der Harnstoff; der bodenschonenden die Kalisalze, das Superphosphat, der Kali- und Natronsalpeter; der bodenaufbauenden der Kalksalpeter, das Dicalciumphosphat, Rhenaniaphosphat, Thomasphosphat und der Kalkstickstoff. Besonders bei Anwendung der bodenabbauenden Düngermittel ist daher ein besonderes Augenmerk auf den Kalkzustand des betreffenden Bodens zu richten, und auch bei Verwendung der bodenschonenden Düngermittel darf eine entsprechende Kalkzufuhr nicht vernachlässigt werden. Selbstverständlich darf man auch nicht den Fehler begehen zu glauben, bei Verwendung der sogenannten bodenaufbauenden Düngermittel würde sich eine zusätzliche Kalkdüngung zu den entsprechenden Böden überhaupt erübrigen.

Letzten Endes ist die Eigenschaft der Düngermittel, entweder bodenauf- oder bodenabbauend zu wirken, auf ihren Kalkgehalt, bzw. die physiologische Alkalität oder Azidität zurückzuführen. Allerdings hat die physiologische Alkalität eines Düngermittels nur dann wirklichen Wert für die Bodenerhaltung, wenn als basenbildendes Ion das Calcium-Ion eine Hauptrolle dabei spielt.

Was manche oft ausgesprochene Behauptung betrifft, die Anwendung der Mineraldünger würde die Gesundheit von Boden, Mensch und Tier ungünstig beeinflussen, so kann hier im einzelnen nicht auf die Vorwürfe eingegangen werden; aus den bisherigen Ausführungen über das Wesen der Pflanzenernährung geht aber wohl hervor, wie unbegründet und unberechtigt diese Meinung ist. Bisher durchgeführte Untersuchungen haben im Gegenteil bewiesen, daß nicht nur die Quantität, sondern auch die Qualität unserer Ernten durch eine richtig durchgeführte harmonische Volldüngung, die sowohl die Wirtschafts- als auch die Mineraldünger umfaßt, erhöht wird, und von einer ungünstigen Beeinflussung im obigen Sinn keinesfalls gesprochen werden kann.

2. Die Wirtschaftsdüngermittel

a) Stallmist

Der Stallmist ist unter den Verhältnissen der Praxis der weitaus wichtigste Wirtschaftsdünger. Er wird aus den festen und flüssigen tierischen Ausscheidungen unter Zuhilfenahme von Einstreu als Aufsaugematerial gewonnen. Dieser Frischmist muß aber auf der Düngerstätte einer Verrottung unterworfen werden, die eine Aufeinanderfolge chemischer und biologischer Prozesse darstellt. Die Zusammensetzung des Ausgangsmaterials ist je nach Tierart, Fütterung und Haltung der Tiere sowie der Art der Einstreu außerordentlich verschieden. Folgende Tabelle gibt ein Bild über die Zusammensetzung von Harn. Kot und Frischmist der verschiedenen Tiere:

Zusammensetzung der frischen Ausscheidungen (Harn, Kot) und des Frischmistes

Harn, Kot, Frischmist	Wasser %	Organische Stoffe %	Gesamt-N %	Leichtlösl. N %	P_2O_5 %	K_2O %	CaO %
Frischer Harn:							
Rindvieh . . .	92,5	3,0	1,00	1,00	0,10	1,50	0,03
Pferd . . .	89,0	7,0	1,20	1,20	0,05	1,50	0,15
Schaf	87,5	8,0	1,50	1,50	0,10	1,80	0,30
Schwein .	94,0	2,5	0,50	0,50	0,05	1,00	0,02
Frischer Kot							
Rindvieh .	80,0	18,0	0,30	0,05	0,20	0,10	0,10
Pferd . .	75,0	23,0	0,55	0,06	0,30	0,33	0,23
Schaf .	68,0	29,0	0,60	0,05	0,30	0,20	0,40
Schwein . . .	82,0	16,0	0,60	0,08	0,50	0,40	0,05
Frischmist							
Rindvieh .	75,0	20,0	0,45	0,16	0,25	0,55	0,45
Pferd . .	71,3	25,4	0,58	0,20	0,28	0,53	0,30
Schaf . .	68,0	30,0	0,85	0,30	0,25	0,67	0,30
Schwein	72,4	25,0	0,45	0,08	0,19	0,55	0,50

Der Kot der Tiere enthält somit Stickstoff-, Phosphorsäure- und Kaliumverbindungen, der Harn dagegen ist arm an Phosphorsäure und enthält hauptsächlich Stickstoff- und Kaliumverbindungen, wobei vor allem die Stickstoffverbindungen des Harnes (Harnstoff, Hippursäure, Harnsäure) viel leichter zersetzlich sind als diejenigen des Kotes. Besonders der Herbivoren-Kot ist reich an schwer zersetzlichen Substanzen, wie Zellulose und Lignin; sein Stickstoff liegt in Form von Eiweiß vor. Ein erheblicher Teil der Fäzes besteht aus Bakterien, im Rinderkot je Gramm mehrere Milliarden. Bei der Verdauung des Futters findet eine Anreicherung der Zellulose und des Lignins in den Fäzes statt, wie nebenstehende Übersicht zeigt.

Weitaus der wichtigste Mist ist der Rindermist, der mengenmäßig den größten Teil des erzeugten Stallmistes darstellt. Er ist reich an Wasser und schleimigen Bestandteilen, besitzt eine breiige Beschaffenheit und wird wegen seiner langsamen Zersetzung als kalter Mist bezeichnet. Dagegen ist der Pferde-

Zusammensetzung von Futter und Kot in % der Trockenmasse (nach E. W. Crampton und L. Maynard)[1])

	Futter: gleiche Teile Luzerneheu u. Getreide		Futter: Weidegras	
	Ochse		Kaninchen	
	Futter	Kot	Futter	Kot
Ätherextrakt . . .	6,0	7,6	5,1	5,6
Zellulose	11,4	21,1	22,4	30,4
Andere Kohlenhydrate	60,6	15,4	30,0	11,8
Rohfaser	12,1	25,7	20,1	28,0
Lignin	5,6	27,2	9,0	25,5
Protein	12,2	18,7	23,8	13,2
Asche	3,7	9,9	9,8	13,6

mist wasserarm, zersetzt sich sehr schnell und stellt einen hitzigen Mist dar. Noch trockener ist der Schafmist, er wird daher ebenfalls als hitziger Mist benannt. Ein kalter Mist ist der Schweinemist, der auch ansonsten dem Rindermist ähnlich ist, in seiner Zusammensetzung aber sehr davon abhängt, ob das Schwein als Omnivore mehr vegetabil oder mehr animalisch gefüttert wird. Auch Ziegen- und Kaninchenmist sind kalte Dünger, die sich sehr langsam zersetzen. In der Praxis werden die verschiedenen Mistarten meist miteinander vermischt, dagegen der Geflügeldünger auf dem Komposthaufen verwertet.

Als Einstreu wird hauptsächlich Wintergetreidestroh, aber aber auch Torfstreu, Moosstreu, Laub- und Nadelstreu verwendet. Eine gute Einstreu muß ein hohes Aufsauge- und Bindungsvermögen für die flüssigen Ausscheidungen haben, den Tieren ein warmes und trockenes Lager ermöglichen, selbst möglichst reich an Nährstoffen sein und humusbildende

[1]) E. W. Crampton u. L. A. Maynard, The relation of cellulose and lignin content to the nutritive value of animale feeds. The Journ. Nutrition, 15, 3883—395, 1938. Vgl. F. Scheffer, Agrikulturchemie Teil C, Stuttgart 1941, Verlag F. Enke.

Stoffe besitzen; besonders ligninreiche Einstreu ist erwünscht. Folgende Übersicht zeigt das Aufsaugevermögen und den Nährstoffgehalt der verschiedenen Einstreumittel.

	100 Teile saugen Gew.-Teile Wasser auf	Prozente lufttrockener Substanz			
		Stickstoff	Phosph.-S.	Kali	Kalk
Winterhalmstroh	240	0,6	0,3	1,0	0,3
Winterhalmstroh zerschnitten b. gehäckselt .	265	0,6	0,3	1,0	0,3
Torfstreu . . .	900	0,6	0,1	0,1	0,3
Sägespäne . . .	357	0,2	0,1	0,2	0,8
Waldstreu (Laub)	233	0,8	0,3	0,3	1,5
Kartoffelkraut .	225	1,4	0,15	0,8	0,8

Nach **Haselhoff** sind je Tier und Tag im Flachstall folgende Einstreumengen möglich:

	Stroh in kg	Torfstreu in kg
Pferd	2—3	3—5
Rind	4—5	5—6
Schwein	3—3,5	0,5—1,5
Schaf	0,15	(0,14—0,20)

Im Tiefstall wird je Stück Großvieh und Tag mit 10—15 kg Stroheinstreu gerechnet. **Dencker**, Bonn, hat kürzlich die Kurzhäckselung des Heustrohs angeregt (Häckselmist).

Um die Höhe des **Anfalls an frischem Stallmist** zu berechnen, wird meist folgende Formel benutzt:

$$\left(\frac{\text{Futtertrockensubstanz}}{2} + \text{Trockensubstanz der Streu}\right) \cdot 4 = \text{frischer Mist},$$

wobei von der Annahme ausgegangen wird, daß das Tier das Futter etwa zur Hälfte verwertet und der frische Mist etwa 25% Trockensubstanz enthält. Da 100 Teile Frischmist etwa 80 Teile verrotteten Mist ergeben, müssen 80% der Frischmistmenge genommen werden, um den Anfall an verrottetem Mist festzustellen. Im Durchschnitt rechnet man bei einem Stück Großvieh und ganzjähriger Stallhaltung mit 100 dz verrottetem Stallmist. Im einzelnen beträgt der Stallmistanfall:

Tiergattung	Verrotteter Stallmist dz	Jauche hl
Arbeitspferde	50	10
Fohlen bei Weidehaltung	20	5
Kühe bei Stallhaltung	110	40
Kühe bei Weidehaltung	60—80	30
Jungvieh bei Stallhaltung	100	40
Jungvieh bei Weidehaltung	40	20
Schweine	75	50
Schafe	100	0

Verrottung des Stallmistes. Die Verrottung des Stallmistes auf der Düngerstätte hat zum Ziel, den Stallmist an Huminstoffen anzureichern, indem die vorhandenen Lignine und Eiweisstoffe in huminsäureähnliche Substanzen übergeführt werden. Ferner ist wesentlich, daß die leicht zersetzbaren Stoffe auf der Düngerstätte so weit abgebaut werden, daß sie im Ackerboden nicht mehr stören. Die schwer angreifbaren Eiweißstoffe müssen abgebaut und die Pflanzennährstoffe mineralisiert werden. Eine einwandfreie Stallmistverrottung muß somit so verlaufen, daß möglichst viel Dauerhumus gebildet wird und gleichzeitig genügend Nährhumus und ein an Nährstoffen reicher Stallmist entsteht. Alle diese Vorgänge haben ein gewisses Maß an Umsetzung organischer Stoffe zur Voraussetzung und Scheffer spricht daher mit Recht von einem „produktiven Schwund“, der somit nötig und unvermeidlich ist, wenn er auch möglichst niedrig gehalten werden muß.

Auf die gesamte organische Trockenmasse berechnet, weist gut erzeugter Stallmist etwa einen Gehalt an acetylbromidunlöslichen Stoffen von 30—35% auf. Der Rest auf 100 ist Nährhumus. Das beste Verfahren zur Stallmistbereitung wird somit jenes sein, das bei möglichst hohem Gewinn an Dauerhumus am wenigsten Verlust an organischer Masse und vor allem auch an Stickstoff erbringt. Das Gemisch von frischem Mist und Stroheinstreu hat gewöhnlich 75—80% Wassergehalt und die niedrigen Kohlenhydrate sowie Hemizellulosen werden durch die reichlich vorhandenen Mikroorganismen unter Wärmeentwicklung stürmisch abgebaut. In erster Linie wird die Stärke dieses Abbaues von der Menge des Sauerstoffzutritts bedingt sein. Unter aeroben Verhältnissen wird der Abbau um so intensiver verlaufen, je größer die Menge der leicht zersetzbaren Einstreu (Strohmenge) ist. Normal vor sich gehende Rottungsvorgänge erhält man erfahrungsgemäß durch eine Strohmenge von 3 kg je Großvieheinheit und Tag.

Was die Technik der Stallmistbereitung anbelangt, so unterscheidet man heute zwischen den Heiß- und Warm-Mistverfahren und dem Kaltmist-Verfahren, denen die Verwertung des Stallmistes von Flachställen zugrunde liegt. Sofern der Mist aber in Tiefställen gewonnen wird, spricht man auch vom Tiefstallverfahren. Zu dem Warm- bzw. Heißmist-Verfahren, bei dem eine Erwärmung des Stallmiststapels auf 40 Grad und höher erfolgt, rechnet man das sogenannte Stapelmistverfahren und das Edelmistverfahren nach H. Krantz. Bei der Stapelmistbereitung wird der von den verschiedenen Ställen (Rinderstall, Pferdestall, Schweinestall) anfallende Mist auf freier Düngerplatte oder in sogenannten Dunglagen, die umwandet sind, ausgebreitet und sofort festgetreten, bis eine Höhe von 2,5—3 m erreicht wird. Mittels technischer Hilfsmittel, wie Mistförderern und Düngerkränen, kann bis zu 6 m hoch gestapelt werden. Neben dem fertigen ersten wird ein zweiter und weiterer Stapel errichtet. Die fertigen Stapel werden am besten mit Erde abgedeckt. Wesentlich ist, daß der Mist genügend durchfeuchtet ist; er muß gegebenenfalls nach dem Festtreten mit Wasser oder Sickersaft angefeuchtet werden. Andererseits muß überschüssiger Sickersaft abfließen können, da in der dauerden Nässe der Stallmist „speckig" wird. Als Rottedauer ist mindestens 6—8 Wochen Lagerzeit anzusehen. Je Stück Großvieh rechnet man mit einer Grundfläche von 2—3 m², damit die Düngerstätte den Mist von 5—6 Monaten aufnehmen kann. Das Stapelmistverfahren hat den Vorteil, daß durch das Gewicht der hohen Stapel der Eigendruck erhöht wird, durch die relativ kleine Oberfläche die Auswaschungsverluste verringert werden und wenig Raum für die Stallmistlagerung benötigt wird; außerdem können die abgeschlossenen Stapel ungestört verrotten und es ist stets gleichmäßig reifer Mist vorhanden.

Bei der Edelmisterzeugung nach Krantz wird eine Temperatur von 60 Grad angestrebt, die durch lockere Lagerung des Frischmistes erreicht wird, wodurch infolge der aeroben Verhältnisse die Bakterientätigkeit unter Wärmeentwicklung gefördert wird. Schon nach 1—2 Tagen, im Winter 2—4 Tagen wird die erforderliche Temperatur erreicht, worauf sofort ein Festtreten des Stapels erfolgen muß. Dieses Verfahren hat nur Aussicht auf Erfolg, falls die Temperatur genau überwacht wird, weshalb es nur in Betrieben angewendet werden kann, die hierfür die nötigen Arbeitskräfte zur Verfügung haben. Steigt nämlich die Temperatur wesentlich über 60 Grad, so werden große Mengen organischer Substanz zerstört. Man wird daher die Edelmistbereitung nur Großbetrieben anempfehlen können, zumal ein gut durchgeführtes Stallmistverfahren, wie eingehende Versuche, hauptsächlich von Weigert und Fürst, gezeigt haben, ein gleich gutes Produkt ergibt wie das Edelmistverfahren, dessen Hauptvorteil darin besteht, daß der Edelmist keimärmer ist als andere Mistarten. Der Stallmist soll zwar Nährstoffe für die Bakterien enthalten; er selbst braucht aber keine Zufuhr von Bakterien zu bewirken, da in normalem Ackerboden überdies genügend Bakterien vorhanden sind, die sich bei entsprechender Ernährung günstig entwickeln.

Da bei dem Warm- und Heißmistverfahren die Verluste an organischer Substanz sehr hoch sind, hat man vorgeschlagen, die Verrottungstemperatur unter 30 Grad zu halten und durch sofortiges Festtreten des Stapels anaerobe Bedingungen zu schaffen, was bei stroharmen Frischmisten leicht gelingt. Einschlägige Versuche von Maiwald und Siegel haben ergeben, daß die Verluste an Stickstoff und organischer Substanz viel geringer sind als im Warmmist.

Doch weist der Kaltmist einen geringen Gehalt an Dauerhumus auf und auch das C-N-Verhältnis ist nicht so günstig. Der Kaltmist besitzt eine Reaktion von pH 6—7, der Heißmist von pH größer als 8,0; der Geruch des Kaltmistes ist säuerlich.

Während die bisher besprochenen Mistarten in Flachställen gewonnen werden, wird der Mist beim Tiefstallverfahren im Stall selber liegen gelassen und durch die Tiere festgetreten; hierfür ist, da auch die flüssigen Ausscheidungen im Mist zurückbleiben, eine Strohmenge von 10—15 kg je Tier und Tag erforderlich. Voraussetzung für eine gute Verrottung ist ein normaler Feuchtigkeitsgehalt des Mistes von etwa 75—80%. Infolge der starken Einstreu und des Vorhandenseins auch der flüssigen Ausscheidungen ist der Tiefstallmist sehr nährstoffreich, besonders stickstoffreich, und er muß als guter Dünger bezeichnet werden. Aus hygienischen Gründen ist aber die Anwendung dieses Verfahrens bei Gewinnung von Qualitätsmilch nicht zulässig.

Im Laufe der Zeit war die Bewertungsgrundlage für den Stallmist eine verschiedene. Heute herrscht wohl hauptsächlich die Ansicht vor, daß seine Bedeutung in erster Linie als Humuslieferant und erst in zweiter Linie als Nährstoffspender in Frage kommt. Man wird daher bestrebt sein, besondere Stickstoffverluste zu vermeiden, die dadurch groß sein können, daß ein Teil des Harns normalerweise stets im Frischmist vorhanden sein wird und die Stickstoffverbindungen des Harns nach folgenden Umsetzungen verändert werden können:

$$CO\begin{matrix}\diagup NH_2 \\ \diagdown NH_2\end{matrix} + 2\,H_2O = (NH_4)_2\,CO_3$$

Harnstoff — Ammoniumkarbonat

$$C_6H_5 - CO - NH - CH_2 - COOH + H_2O = C_6H_5 \cdot COOH + CH_2 \cdot NH_2 \cdot COOH$$

Hippursäure — Benzoesäure — Glykokoll

$$CH_2NH_2COOH + H_2O = CH_2OH\,COOH + NH_3$$

$$C_5H_4N_4O_3 + O + H_2O = C_4H_6N_4O_3 + CO_2$$

Harnsäure — Allantoin

$$C_4H_6N_4O_3 + 2H_2O = 2\,CO\begin{matrix}\diagup NH_2 \\ \diagdown NH_2\end{matrix} + CHO \cdot COOH$$

Allantoin — Harnstoff

Das sich bildende Ammoniak wird entweder von organischen Säuren oder Kohlensäure in Form des leicht der thermischen Dissoziation unterliegenden Ammoniumkarbonats gebunden, wodurch beträchtliche Stickstoffverluste auftreten können. Sie möglichst einzuschränken, hat man eine Reihe von Verfahren vorgeschlagen. Soxhlet empfahl die getrennte Aufbewahrung von Harn und Kot, wie Ortmann sie dann in der Praxis einführte. Déhérain wies auf die günstige Rolle der Kohlensäure bei der Bindung des Ammoniaks im Stallmist hin in der Weise, daß man als Unterlage eines neu aufzubringenden Stallmiststapels einen in starker Verrottung stehenden Mist nimmt, wobei die Kohlensäure sich mit dem freien Ammoniak nach dem Schema umsetzt:

$$2\,NH_3 + H_2O + CO_2 \rightleftarrows (NH_4)_2\,CO_3\,.$$

Schließlich hat man vorgeschlagen, Substanzen zu verwenden, die das Ammoniak zu binden und damit zu konservieren vermögen, wie saure Salze oder Säuren oder Formaldehyd, wodurch der Stickstoff in Hexamethylentetramin übergeführt wird; alle diese Verfahren haben sich schon wegen ihres hohen Preises nicht für die

Praxis bewährt. Dagegen sind Zusätze, wie Montmorillonit oder Streutorf, die den Harn aufzusaugen vermögen, vorteilhafter zu bewerten. Stickstoffverluste können schließlich auch noch nach folgenden Umsetzungen auf rein chemischem Wege im Stallmiststapel auftreten:

$$NH_3 + HNO_2 = NH_4NO_2 = N_2 + 2\,H_2O$$
$$CO\,(NH_2)_2 + 2\,HNO_2 = 2\,N_2 + CO_2 + 3\,H_2O$$

Salpetrige Säure kann allerdings nur durch denitrifizierende Bakterien aus Salpetersäure entstehen, die sich ihrerseits wieder aus Ammoniumsalzen durch Nitrifikation unter aeroben Verhältnissen im Stallmiststapel bildet, somit wenn die Lagerung nicht einwandfrei durchgeführt wurde.

Wenn somit auch der Hauptwert des Stallmistes in erster Linie durch seinen Gehalt an Dauerhumus und Nährhumus bedingt wird, so sind trotzdem die durch ihn dem Boden zugeführten Nährstoffe jedenfalls von Bedeutung. Bei einem Trockensubstanzgehalt von 25% ist etwa mit einem Gehalt von 0,5% N, 0,4% P_2O_5 und 0,6% K_2O zu rechnen. Erfahrungsgemäß beträgt die Ausnutzung des Stickstoffs im Stallmist im Verlauf einer Fruchtfolge 25—30%, der Phosphorsäure 30%, des Kaliums 50—80% der vorhandenen Menge. Trotzdem reichen die mit einer durchschnittlichen Stallmistgabe von 200—300 dz/ha gegebenen Nährstoffmengen für intensive Ernten nicht aus, und es müssen die fehlenden Mengen durch Handelsdünger zusätzlich gegeben werden. Die Höhe der Stallmistgabe richtet sich nach der Bodenart; als schwache Düngung bezeichnet man eine solche von 100—200 dz/ha, als mittlere von 200—300 dz/ha, als starke von 300—400 dz/ha. Man gibt heute im Vergleich zu früher geringere Stallmistgaben, dafür aber öfters, nämlich alle zwei bis drei Jahre. Im Gartenbau sind Gaben bis zu 1000 dz/ha gebräuchlich. Der Stallmist muß bei trüber, windstiller Witterung ausgebracht und möglichst umgehend in den Boden eingebracht werden. Längeres Liegenlassen auf dem Felde hat erhebliche Nährstoffverluste zur Folge. Meist hat im Frühjahr untergepflügter Stallmist eine höhere Wirkung als im Herbst ausgebrachter, weil im Winter leicht starke Auswaschungsverluste auftreten. In erster Linie wird man Stallmist an Hackfrüchte, Ölfrüchte und Kohlarten verabreichen, auch an Mais. Von den Hülsenfrüchten ist besonders die Ackerbohne für Stallmist dankbar. Der Stallmist muß in jene Bodenschicht eingebracht werden, in der das regste Bakterienleben herrscht, somit in leichten Böden etwa 10—20 cm tief, in schweren Böden etwa 5—15 cm tief. Auf keinen Fall darf er in einen nassen

Boden eingepflügt werden. Niemals dürfen gleichzeitig kalkhaltige bzw. salpeterhaltige Düngermittel mit dem Stallmist dem Boden verabreicht werden.

b) Jauche und Gülle

Die Jauche besteht hauptsächlich aus dem Harn der Tiere, der einerseits von der Einstreu aufgenommen, andererseits in der Jauchegrube gesammelt wird, wo er bakteriellen Umsetzungen unterliegt und dabei die sogenannte Jauche ergibt. Vielfach wird aber auch der Sickersaft der Dungstätte in die Jauchegrube geleitet, so daß die Zusammensetzung der Jauche sehr verschiedenartig ist und nicht allein von der Beschaffenheit des Harns abhängt. Wie schon früher angegeben, werden die wichtigsten Stickstoffverbindungen, nämlich Harnstoff, Hippursäure und Harnsäure, auf mikrobiellem Wege in Ammoniak übergeführt, der hauptsächlich in Form von Ammoniumkarbonat gebunden ist, ein Prozeß, der meist nach etwa einem Monat beendet ist. Der mittlere Gehalt der Jauche an Nährstoffen ist etwa 0,2—0,3% N, 0,01% P_2O_5, 0,5—0,6% K_2O, 0,02% CaO. Die Jauche ist somit ein einseitiger Stickstoff-Kaliumdünger, der Gehalt an Phosphorsäure und Calcium ist sehr gering, was bei ihrer Anwendung zu berücksichtigen ist. Damit die Jauchenährstoffe möglichst konzentriert gewonnen werden, muß der Harn aus dem Stall rasch abgeleitet und eine Verdünnung durch Spülwasser und Sickersaft verhindert werden. Gut hat sich die Bedeckung der Jauche mit einer Ölschicht bewährt. Je Stück Großvieh ist mit einem Jaucheraum von 2,5—3 m^3 zu rechnen. Wichtig ist, daß die Berührung der Jauche mit Luft tunlichst verhindert wird. Deshalb ist auch die Jauche auf dem Felde nur bei windstillem, trübem Wetter auszubringen und ihre Verteilung am besten mit dem Jauchedrill und im zeitigen Frühjahr vorzunehmen. Hauptsächlich werden Hackfrüchte, Ölfrüchte, Mais, Wiesen und Weiden mit Jauche gedüngt, wobei die zu verabreichende Menge vom Stickstoffgehalt abhängt, der am einfachsten mittels einer Jauchespindel bestimmt wird.

Gülle. Besonders im Allgäu, der Schweiz und in Vorarlberg wird die Gülledüngung angewendet. Unter Gülle ist eine Mischung von Harn und Kot, Wasser und Einstreuteilchen zu bezeichnen, die eine

Gärung durchgemacht hat. Sie wird wegen Einstreumangels in Gegenden mit geringem Getreidebau verwendet, also in Ländern mit viehstarkem Grünlandbetrieb. Ähnlich wie Jauche ist die Gülle ein einseitiger Stickstoff-Kaliumdünger, so daß für entsprechende anderweitige Zufuhr von Phosphorsäure und Kalk gesorgt werden muß. Der Mistsickersaft ist stickstoffärmer als die Jauche, der Gehalt an P und K höher, am besten dient er zum Anfeuchten des Stapelmistes.

c) Kompost

Im landwirtschaftlichen und gärtnerischen Betrieb fallen eine Fülle von Stoffen an, die weder für die tierische noch menschliche Ernährung, aber auch nicht ohne weiteres für die pflanzliche Ernährung zu gebrauchen sind, wie Fäkalien, Geflügelmist, Schlamm, Torf, Müll, Futterreste, Kartoffelkraut, Kohlenasche usw. Aber auch in anderen Zweigen der Volkswirtschaft gibt es Abfallstoffe, die wie Klärschlamm, Müll, Fischreste, Torf, Lignin, am besten zur Bereitung von humushaltigen Düngermitteln verwendet werden. Je nach der Verarbeitung kann man zu Strohkomposten, Torfkomposten und Erdkomposten gelangen. Der Strohkompost wird auch Mehrungsmist oder Kunstmist genannt und kann an Stelle von Stallmist verwendet werden. Eine unmittelbare Düngung mit Stroh hat sich wegen seines viel zu weiten C-N-Verhältnisses von etwa 100:1 nicht bewährt. Es kommt dabei zu erheblichen Ertragsdepressionen; eine Ausnahme machen die Leguminosen, bei denen infolge der Tätigkeit der Knöllchenbakterien Stickstoff angereichert wird, wodurch das C-N-Verhältnis in günstiger Weise verschoben wird und dadurch mit Strohdüngung Ertragserhöhungen auftreten können. Stroh muß deshalb im allgemeinen zu Mehrungsmist verarbeitet werden, um erfolgreich für Düngungszwecke eingesetzt werden zu können. Zur Herstellung von Kunstmist werden 100 kg Stroh mit 300 Liter Wasser versetzt, 0,7 kg N in Form von Kalkstickstoff oder Harnstoff zugegeben und dieses Gemisch einer Verrottung nach Art des Edelmistes unterworfen; wie bei diesem steigt die Temperatur auf 40—60 Grad, weshalb sie genau zu beobachten ist, da Temperaturen über 60 Grad unbedingt verhindert werden müssen. Anstatt der Stickstoffdünger werden auch Fäkalien, an Stelle des Wassers Jauche genommen. Dem Kunstmist können auch Mineralstoffe beigegeben werden. Am besten wird nach zwei bis drei Monaten der Strohkompost-Stapel nochmals umgesetzt, neu mit Wasser versetzt und festgetreten; nach sechsmonatigem Lagern ist er verwendungsreif. Er wird neben

Ersatz von Stallmist heute auch im Gartenbau als Packstoff für die biologische Beheizung von Treibkästen verwendet.

Bei den Torfkomposten ist die Torfstreu Ausgangsprodukt für Substanzen wie Torfjauche-Kompost, Mineralkompost, Torfgrün-Kompost, Fihumin (Kompost aus Fischbrühe), Klärschlamm-Kompost, Fäkalkompost. Auch industriell werden heute solche und ähnliche Stoffe als Handelskompostdünger hergestellt, wie Fihumin, Nettolin, Huminal, Erntedank, Almag, Biohum. Es sind vielfach gute Produkte, deren hoher Preis aber ihre stärkere Anwendung in der Landwirtschaft verhindert. Über die Bedeutung der Torfstreu zum Aufsaugen und Konservieren wurde schon früher gesprochen. Der mit Jauche versetzte Torf wird dann entweder für sich kompostiert oder mit dem Strohmist gemeinsam vergoren. Ebenso kann man Fäkalien oder Klärschlamm mit Torf gemeinsam kompostieren.

Erdkompost. In jedem Hof fallen Substanzen an, die normalerweise für sich allein nicht nutzbringend verwendet werden können; man erzeugt aus ihnen vorteilhafterweise auf dem Weg über den Komposthaufen wertvolle Humusstoffe. Solche Wirtschaftsabfälle pflanzlicher und tierischer Art sind Klärschlamm, Geflügelmist, Torf, Grabenaushub, Küchen- und Schlachtabfälle. Der Komposthaufen wird an windgeschützter Stelle in Hofnähe in etwa 1,5 m Breite und 1 m Höhe errichtet, und zwar so, daß auf eine 20 cm hohe Torfmullschicht abwechselnd 20 cm Erde und weiterhin 20 cm der angegebenen Substanzen locker aufgeschichtet werden; nach Erreichung der nötigen Höhe wird mit einer Erdschicht abgedeckt. Wesentlich ist ferner die Zugabe von Kalk, der als Abfallkalk oder Branntkalk angewendet wird. Um die nötige Durchlüftung, somit aerobe Bedingungen, zu ermöglichen, wird der Komposthaufen jährlich zweimal umgeschaufelt. Da meist das Ansetzen des Haufens im Herbst erfolgt, wird im Frühjahr zum ersten Mal umgestürzt. Nach einer Rottezeit von 1—2 Jahren ist der Kompost verwendungsreif. Somit ist die Kompostbereitung als eine aerobe Verrottung organischer Stoffe zu bezeichnen, die einer Vererdung unter Beigabe von Kalk und anorganischen Substanzen unterworfen werden. In der Hauptsache wird der Kompost im Gartenbau verwendet, in der Landwirtschaft vor allem als Wiesen- und Weidedünger, zum Schutz gegen Austrocknung im Sommer oder Spätherbst bzw. Winter (etwa 300 dz/ha). Ein guter Kompost ist eine lockere, krümelige, dunkelhumose Masse, reich an Dauerhumus mit Schwarzerde-Eigenschaften. Dadurch, daß die Reaktion im Komposthaufen durch die Kalkbeigabe neutral bis alkalisch ist, werden die organischen und anorganischen Sorptionsträger weitestgehend durch Calcium-Ionen abgesättigt, zumal genügend Calcium-Ionen infolge der reichen Kohlensäurebildung der Bakterien vorhanden sind, um eine dauerhafte Krümelstruktur zu gewährleisten. Da somit der Kompost ein ausgezeichneter Humusdünger ist, wird man in Zukunft bestrebt sein müssen, seine Erzeugung und Verwendung auch in der Landwirtschaft immer mehr zu steigern, zumal durch Arbeiten von Kertscher hinsichtlich der praktischen Durchführung der Stallmist-Kompostierung wertvolle methodische Grundlagen geschaffen worden sind. Auch die Nährstoffversorgung durch den Kompost ist nicht unbeachtlich, wenn auch die Humuswirkung weitaus wichtiger ist; sein mittlerer Gehalt an Nährstoffen beträgt 0,30% N, 0,20% P_2O_5, 0,25% K_2O, 0,5–3,75% CaO.

d) Gründüngung

Darunter versteht man das Einbringen eines grünen Pflanzenbestandes in den Boden, zu dessen Anreicherung an organischen Stoffen und Stickstoff. Meist werden hierfür Leguminosen angewandt, da diese infolge ihrer Symbiose mit Knöllchenbakterien reich an Stickstoffverbindungen sind, zumal sie das Nährstoffkapital des Bodens mit ihrem tiefen Wurzelsystem aufzuschließen vermögen, und außerdem noch die Oberfläche des Bodens vor Austrocknung schützen (Schattengare). In Deutschland ist die Gründüngung hauptsächlich in die landwirtschaftliche Praxis durch Schultz-Lupitz eingeführt worden. Als Gründüngungspflanzen werden Lupine, Peluschken, Serradella, Wicken, Klee verwendet; auf leichteren Böden bevorzugt man die Lupine, auf schwereren die Ackerbohne. Die Gründüngung kann als Haupt-, Zwischen- oder Unterfrucht angebaut werden. Allerdings bilden die Gründüngungspflanzen im Boden hauptsächlich nur Nährhumus. Man rechnet bei einer Leguminosen-Gründüngung durchschnittlich mit einer frischen Masse von 200–300 dz und 50–100 kg/ha N. Wegen der Stickstoffverluste durch Auswaschung ist ein möglichst spätes Unterpflügen der Grünmasse angezeigt.

e) Ernterückstände

Vom Standpunkt erstklassiger Humusstoffe vertritt man heute die Auffassung, lieber die grüne Masse der Futterpflanzen zu verfüttern als einzupflügen, da auf dem Wege über den Verdauungstraktus der Tiere wertvoller Dauerhumus entsteht, während, wie schon erwähnt, beim Unterpflügen der gleichen Pflanzen im wesentlichen nur Nährhumus gebildet wird. Die beim Verfüttern dieser

Pflanzen zurückbleibenden Ernterückstände reichern dann noch immer zusätzlich den Boden mit Humus an. Die Zufuhr von Humusstoffen durch die Stoppel- und Wurzelrückstände ist mithin überhaupt eine beträchtliche und wird um so größer sein, je höher die Pflanzenerträge sind, je besser die Pflanzen somit mit Mineralstoffen ernährt werden, woraus zu entnehmen ist, daß die Humusanreicherung des Bodens weitestgehend von der Düngung mit Mineralstoffen abhängt. Gericke konnte feststellen, daß die durchschnittliche Zufuhr von organischer Masse durch Stallmist 15 dz/ha, durch Ernterückstände 23 dz/ha beträgt, somit auf Stallmist 40%, auf die Ernterückstände 60% der jährlichen Humuszufuhr entfallen. Besonders die Ernterückstände der Leguminosen und Getreidearten sind beträchtlich, wogegen sie bei den Hackfrüchten nur geringe Werte darstellen.

3. Die Handelsdüngermittel

a) Die Stickstoffdüngermittel

aa) Die Salpeterdünger. Die Salpeterdüngermittel können in natürlich vorkommende und synthetisch erzeugte eingeteilt werden. Auf den Hochflächen Chiles, in der Wüste Atakama, kommt die sogenannte Caliche in mächtigen Lagern vor, deren Gehalt etwa 45—50% $NaNO_3$ beträgt. Durch Umkristallisation wird aus diesem Rohmaterial der Chilesalpeter mit 16% N gewonnen. Die Caliche-Lager enthalten neben $NaNO_3$ noch Natrium-Chlorid, Sulfate, Jodate, Borate und auch Kaliumperchlorat. Heute ist man der Auffassung, daß dieses Vorkommen von Chilesalpeter in den Wüstengebieten zwischen den Anden und der Küste im nördlichen Teil Chiles und des angrenzenden Peru vermutlich auf vulkanischen Ursprung zurückzuführen ist, oder daß sich durch elektrische Entladungen Salpetersäure gebildet hat, die sich dann mit dem Natronboden zu Natriumnitrat umsetzte. Für den vulkanischen Ursprung spricht vor allem der Borgehalt des Chile-Salpeters.

Der in den Handel kommende Chilesalpeter enthält noch geringe Mengen von Bor und Jod. Früher kamen auch noch schwankende Mengen von Kaliumperchlorat darin vor, das in einer Menge von 0,5% als pflanzenschädlich bezeichnet werden muß; durch das moderne Guggenheim-Verfahren ist es aber gelungen, das Perchlorat fast völlig zu entfernen.

Das älteste synthetische Verfahren zur Verwertung des Luftstickstoffs ist dasjenige von Birkeland und Eyde, die einen Luftstrom durch eine sogenannte elektrische Sonne hindurch schicken, worunter starke Wechselstrom-Lichtbögen zu verstehen sind, die durch einen kräftigen Magneten auseinandergezogen werden. Seit 1907 wird dieses Verfahren in Notodden in Norwegen unter Ausnutzung der dortigen Wasserkräfte angewendet. In Deutschland wurde das Verfahren in der Badischen Anilin- und Sodafabrik Ludwigshafen von Schönherr modifiziert, indem er den Lichtbogen in einem Rohr durch strömende Luft auseinanderzog. Der sich abspielende Prozeß ist im wesentlichen durch die Gleichung wiederzugeben

$$N_2 + O_2 \rightleftarrows 2\,NO - 43\ \text{Cal.}$$

Der Vorgang ist somit endotherm und wird infolgedessen durch hohe Temperaturen begünstigt, wie sie naturgemäß im elektrischen Lichtbogen zu erzielen sind. Die zugeführte große Energiemenge ist nötig, um den trägen molekularen in aktiven atomaren Stickstoff zu verwandeln. Erst über 2000 Grad verschiebt sich die Gleichgewichtsreaktion so weit rechts, daß tragbare Ausbeuten eintreten; bei 2300 Grad bilden sich etwa 2% NO. Um zu verhindern, daß das Stickoxyd wiederum zerfällt, muß das Gasgemisch möglichst rasch auf Temperaturen unter 1500 Grad gebracht werden. Unter 150 Grad verwandelt es sich spontan an der Luft durch Sauerstoffaufnahme in NO_2; dieses setzt sich mit Wasser zu HNO_2 und HNO_3 um:

$$2\,NO + O_2 = 2\,NO_2$$
$$2\,NO_2 + H_2O = HNO_3 + HNO_2$$
$$3\,NO_2 + H_2O = 2\,HNO_3 + NO$$
$$3\,HNO_2 = HNO_3 + 2\,NO + H_2O$$

Durch Umsetzung mit Kalkmilch wird der Kalksalpeter erzeugt, der unter dem Namen Norgesalpeter als Düngemittel mit etwa 13% N in den Handel kommt. Das Verfahren von Birkeland-Eyde ist aber nur rentabel, falls, wie in Norwegen, billige Wasserkräfte zur Verfügung stehen.

In Deutschland wird daher heute Salpeter aus Haber-Bosch-Ammoniak durch Oxydation erzeugt. Nach dem Verfahren von W. Ostwald wird Ammoniak mit Luft bei Gegenwart von Platin als Katalysator bei 600 bis 800 Grad oxydiert:

$$4\,NH_3 + 5O_2 = 4\,NO + 6\,H_2O + 216\ \text{Cal.}$$

Das Stickoxyd wird durch Luftsauerstoff in Stickstoffdioxyd verwandelt, dieses weiterhin in Salpetersäure, die mit Sodalösung in Natronsalpeter übergeht:

$$2\,NO + O_2 = 2\,NO_2 + 33\ \text{Cal.}$$
$$4\,NO_2 + O_2 + 2\,H_2O = 4\,HNO_3 + 76\ \text{Cal.}$$
$$2\,HNO_3 + Na_2CO_3 = 2\,NaNO_3 + H_2O + CO_2$$

Wird mit Kalkmilch neutralisiert, so entsteht Kalksalpeter:

$$2\,HNO_3 + Ca\,(OH)_2 = Ca\,(NO_3)_2 + 2\,H_2O.$$

Der Natronsalpeter enthält etwa 16% N, der deutsche Kalksalpeter 15% N neben 28% CaO. Wird für die Neutralisation der Salpetersäure Ammoniak verwendet, so entsteht Ammoniumnitrat, das mit Ammoniumsulfat zusammen als Ammonsulfatsalpeter oder Leunasalpeter

$$(NH_4)_2SO_4 \cdot NH_4NO_3$$

einem Doppelsalz mit 26% Gesamtstickstoff (davon $^3/_4$ als Ammoniumstickstoff und $^1/_4$ als Nitratstickstoff) in den Handel kommt. Das Ammoniumnitrat allein enthält 35% N, wird aber für sich allein in Deutschland kaum verwendet, da es sehr hygroskopisch und außerdem noch explosiv ist. Es wird deshalb entweder zu dem schon erwähnten Leunasalpeter oder durch Umsetzung von festem Calciumkarbonat (in einer Ammoniumnitratschmelze) auf Kalkammonsalpeter verarbeitet, der 20,5% N und 35% $CaCO_3$ enthält. Kalisalpeter mit 13% N und 45% K_2O wird ebenfalls hergestellt, ferner Kaliammonsalpeter aus Ammoniumnitrat und Kaliumchlorid; er enthält 16% N (8% Salpeterstickstoff, 8% Ammoniumstickstoff) und 26—28% K_2O.

Bei der Anwendung der Salpeterarten muß die Tatsache berücksichtigt werden, daß die Nitrate rasch wirkende Stickstoffquellen darstellen, daß aber das Nitrat-Ion vom Boden nicht sorbiert wird und daher bald der Auswaschung anheimfällt. Ausserdem ist zu beachten, daß die Salpeterarten physiologisch-alkalische Düngermittel sind. Man wird sie zu sehr stickstoffbedürftigen, stark produzierenden Pflanzen verabreichen, ferner zur schnellen Kräftigung schwach stehender Pflanzen und als Kopfdünger verwenden. Besonders für die nitrophile und halophile Zucker- und Futterrübe sind die Salpeterarten zu bevorzugen. Höhere Gaben von Natronsalpeter vermögen allerdings auf schweren Böden infolge der ungünstigen Wirkung des Natrium-Ions auf die Bodenstruktur den Boden zu verkrusten. Bei nötiger starker Stickstoffdüngung auf schweren Böden wird es daher vorteilhaft sein, zumindest einen Teil des Stickstoffs in Form von Kalksalpeter zu verabreichen.

bb) Die Ammoniumdünger. Die Gewinnung der Ammoniumsalze erfolgt entweder als Nebenprodukt in den Kokereien und Leuchtgasfabriken oder auf synthetischem Wege. Der Stickstoffgehalt der Steinkohle liegt zwischen 0,5—2,5% N. Bei der trockenen Destillation der Kohle bildet sich neben dem Leuchtgas und dem Koks bzw. dem Steinkohlenteer das dünnflüssige Gaswasser, welches das Ammoniak als Karbonat, Sulfid, Cyanid, Thiosulfat, Ferrocyanid und Rhodanid enthält. Dieses Gaswasser wird manchmal in verdünnter Form zur Düngung von Wiesen und Äckern im Herbst verwendet. Normalerweise wird man es aber mit Kalkmilch destillieren, um daraus Ammoniak zu gewinnen, meist in Form von Ammoniakwasser mit 18—25% NH_3. Zur Herstellung von Ammoniumsulfat wird das Ammoniakgas in Schwefelsäure eingeleitet; man erhält ein Produkt mit 20—21% N.

Weitaus das meiste Ammoniumsulfat wird heute synthetisch nach dem Verfahren von Haber-Bosch gewonnen, das auf der Vereinigung der Elemente Stickstoff und Wasserstoff zu Ammoniak unter bestimmten Bedingungen beruht. Die Reaktion ist reversibel:

$$N_2 + 3\,H_2 \rightleftarrows 2\,NH_3 + 24\,\text{Cal.}$$

Um den Stickstoff reaktionsfähiger zu machen, somit den molekularen Stickstoff in atomaren zu verwandeln, benötigt man eine Temperatur von 600 Grad bei Verwendung des Katalysators Eisen in poröser Form unter Zusatz von 4—6% Aluminium-Oxyd und einem Druck von 200 atm. Unter diesen Bedingungen entstehen etwa 8% NH_3. Der nötige Stickstoff und Wasserstoff wird in der Weise gewonnen, daß einerseits durch Leiten von Luft über glühende Kohlen das sogenannte Luftgas, andererseits durch Einwirkung von Wasserdampf auf glühende Kohlen Wassergas erzeugt wird:

$$C + \text{Luft} = CO + N_2 \text{ bzw. } 2\,C + O_2 = 2\,CO + 59\ \text{Cal.}$$
$$C + H_2O = CO + H_2 - 28\ \text{Cal.}$$

Aus diesem Gasgemisch muß vor allem das Kohlenmonoxyd als schweres Katalysatorgift entfernt werden, und zwar auf katalytischem Weg mit Wasserdampf:

$$CO + H_2O = CO_2 + H_2 + 10\ \text{Cal.}$$

Das CO_2 wird durch Kalkmilch, das noch vorhandene CO durch ammoniakalische Kupferchlorürlösung herausgewaschen. Die Vereinigung der auf diese Weise gereinigten Gase Stickstoff und Wasserstoff erfolgt nunmehr unter den oben angegebenen Bedingungen in Kontaktöfen. Das Ammoniakgas wird in Wasser aufgefangen und das Endprodukt ist Ammoniakwasser mit 25—30% NH_3. Nach dem sogenannten Leuna-Prozeß wird hierauf in eine Aufschwemmung von Gips in Wasser Kohlendioxyd und Ammoniak eingeleitet:

$$2\,NH_3 + CO_2 + H_2O + CaSO_4 = CaCO_3 + (NH_4)_2\,SO_4.$$

Das als Niederschlag ausfallende Kalziumkarbonat wird auf Nutschen abfiltriert und bildet den sogenannten Leunakalk; die gesättigte Ammoniumsulfat-Lösung wird in Mehrkörper-Verdampfungsapparaten bis zum Ausscheiden des Salzes eingedampft, worauf die Salzkristalle in Zentrifugen abgeschleudert werden. Das erhaltene Produkt enthält fast 21% N. Neben dem Ammoniumsulfat wird auch noch Ammoniumchlorid erzeugt, wobei das NH_3 mit NaCl umgesetzt wird:

$$NH_3 + H_2O + CO_2 + NaCl = NH_4Cl + NaHCO_3.$$

Das salzsaure Ammoniak enthält 24% N. Die Erzeugung von Ammoniumnitrat bzw. Leunasalpeter und Kalkammonsalpeter wurde schon früher besprochen. Durch Mischung von Ammoniumchlorid mit Calciumkarbonat erhält man das Düngermittel **Kalkammoniak** mit 17% N und 30—36% $CaCO_3$. Der Chlorgehalt beträgt 35% Cl. Die Ammonsalze wirken nicht so rasch wie die Salpeterarten, sondern langsamer und nachhaltiger. Ferner werden sie zum Unterschied vom Nitrat vom Boden viel besser sorbiert. Für die praktische Anwendung ist ferner wichtig, daß sie physiologisch saure Düngermittel sind und nur im pH-Bereich 5—7 so gut aufgenommen werden wie die Nitrate. Man wird sie zu Kulturpflanzen verwenden, die, wie Kartoffeln und Hafer, schwachsaure Reaktion lieben; ferner als Herbstdünger, zur Erzeugung einer guten Braugerste und für solche Pflanzen, bei denen Salpeter in größeren Mengen schädlich wirken könnte. Leunasalpeter hat den Vorteil, neben langsam wirkendem Ammoniumstickstoff auch rasch wirkenden Salpeterstickstoff den Pflanzen zuzuführen. Der Kalkammonsalpeter verbindet mit diesen beiden günstigen Eigenschaften noch eine wichtige dritte, nämlich durch seinen Kalkgehalt ein bodenaufbauendes Düngermittel zu sein. Er wird auch „Grünkorn" genannt, da er, um Verwechslungen mit anderen Düngermitteln zu vermeiden, meist grün gefärbt wird. Bei der Nitrifikation entstehen aus einem Mol Ammoniumsulfat zwei Mole Salpetersäure und ein Mol Schwefelsäure, was einem Verlust von 2 Mol Calciumkarbonat entspricht; 1 kg N in Form von Ammoniumsulfat bewirkt somit eine Entkalkung von 7 kg $CaCO_3$. Wird mit Ammoniumsulfat gedüngt, so müssen daher die Kalkverhältnisse des betreffenden Bodens in Ordnung sein.

cc) **Amidstickstoffhaltige Düngermittel.** Hierher gehören der Kalkstickstoff und der Harnstoff. Die Erzeugung des **Kalkstickstoffes** zerfällt in drei Abschnitte. Die erste Phase ist die Erzeugung von Calciumkarbid, das im elektrischen Ofen bei 2300 Grad aus Branntkalk und Koks erzeugt wird:

$$CaO + 3\,C = CaC_2 + CO - 112\ \text{Cal.}$$

Die zweite Phase ist die Gewinnung von reinem Stickstoff aus Luft, deren Verflüssigung nach dem Verfahren von **Linde** und anschließender fraktionierter Destillation; der Sauerstoff siedet bei —183 Grad, der Stickstoff bei —196 Grad C. Man gewinnt den Stickstoff aber auch als Generatorgas in ähnlicher Weise wie beim Haber-Bosch-Prozeß. Die dritte Phase ist die Einwirkung von Stickstoff auf Calciumkarbid; sie heißt Azotierung; dieser Vorgang geht bei 800 Grad vor sich:

$$CaC_2 + N_2 = CaCN_2 + C + 72\ Cal.$$

Dieses Verfahren wurde von Frank-Caro-Rothe ausgearbeitet. Nach der Methode von Polszenius wird diese Azotierung bei Gegenwart von Calciumchlorid vorgenommen, was den Vorteil hat, daß dann lediglich eine Temperatur von 800 Grad erforderlich ist. Der Kalkstickstoff enthält 20—24% N bzw. 58—60% $CaCN_2$ (Calciumcynamid), 9—12% graphitische Kohle und ungefähr 20% freien Kalk, insgesamt 55 bis 65% CaO. Er ist ein feines schwarzes Pulver, das stark stäubt und infolge des freien Kalkes eine ätzende Wirkung aufweist, weshalb er zur Unkraut- und Schädlingsbekämpfung verwendet wird. Zur Verbesserung der Streufähigkeit und Verhinderung des Stäubens wird er entweder mit 2% Kohlenteeröl geölt oder in Perlkalkstickstoff übergeführt; diese Körnung wird durch Zusatz von Wasser und Calciumnitrat erreicht. Der wirksame Bestandteil des Kalkstickstoffs, das Calciumcyanamid, ist zunächst nicht von der Pflanze verwertbar; es muß erst, um als Pflanzennährstoff zu dienen, im Boden in Ammoniumsalze übergeführt werden. Es handelt sich dabei um hydrolytische Prozesse, die sowohl durch Mikroorganismen oder auch rein chemisch, begünstigt besonders in der letzten Phase durch Katalysatoren (wie Eisen- und Mangansalze), vor sich gehen können:

$$2\ CaCN_2 + 2\ H_2O = (CNNH)_2\ Ca + Ca\ (OH)_2$$
$$Ca\ (CNNH)_2 + 2\ H_2O = 2\ CN \cdot NH_2 + Ca(OH)_2$$
$$CN \cdot NH_2 + H_2O = CO\ (NH_2)_2$$
$$CO\ (NH)_2 + 2\ H_2O = (NH_4)_2\ CO_3$$

Aus diesen Umsetzungsgleichungen geht schon hervor, daß in nassen Jahren der Kalkstickstoff besser zur Wirkung kommen wird als in trockenen, was eine bekannte Erfahrung der Praxis ist. Stauende Nässe darf allerdings nicht vorhanden sein, weil sonst die

Gefahr besteht, daß sich Dicyandiamid bildet, das nicht mehr weiter im obigen Sinne verwandelt werden kann. Schließlich wird die Überführung in Ammoniumsalze um so rascher vor sich gehen, je absorptionskräftiger der Boden, je kolloidreicher und reicher an Mikroorganismen er sein wird. Auf extremen Sand- und Tonböden wird er daher nicht so zur Wirkung kommen können, wie bei der großen Klasse der mittleren Böden. Um den Kolloidreichtum des Bodens zu erhöhen, empfiehlt es sich vielfach, eine Stallmist- oder Gründüngung den später mit Kalkstickstoff abzudüngenden Böden zu verabreichen, was natürlich in entsprechendem zeitlichen Abstand geschehen muß. Wegen dieser Umwandlungsvorgänge muß der Kalkstickstoff mindestens 14 Tage vor der Saat gestreut und gut in den Boden eingearbeitet werden, damit seine Umsetzung richtig vor sich geht. Infolge seines Kalkgehaltes ist der Kalkstickstoff zu den bodenaufbauenden Düngermitteln zu zählen. Wichtig ist die richtige Aufbewahrung des Kalkstickstoffes; sie muß trocken erfolgen, da sonst die Säcke infolge Wasser- und Kohlensäureaufnahme platzen.

Harnstoff wird heute großtechnisch durch Hochdrucksynthese bei 150 Grad und 50—60 atm Druck aus Haber-Bosch-Ammoniak und Kohlendioxyd hergestellt:

$$CO_2 + 2\,NH_3 = CO\,(NH_2)_2 + H_2O.$$

Sein Stickstoffgehalt beträgt 43—46%. Für die Verwendung in der Praxis der Landwirtschaft kommt er höchstens zu Spezialkulturen in Frage, wie Feldgemüse, Tabak, Weinrebe und Hopfen. Mehr wird er im Gartenbau verwendet, allerdings heute nur in Form des Kalkharnstoffes mit etwa 20% N und 48% $CaCO_3$ (28% CaO) und in Form des Volldüngers Ha-Ka-Phos mit 16% N, 16% P_2O_5 und 20% K_2O.

dd) Organische Stickstoffdünger. Organische Substanzen mit hohem Eiweißgehalt, wie Peruguano, Ledermehl, Hornmehl, Wollstaub, verdorbene Fleisch-, Blut- und Fischmehle, werden heute lediglich zu Sonderkulturen in der Landwirtschaft, ausgedehnter jedoch im Gartenbau, verwendet. Es handelt sich hier um langsam fließende Stickstoffquellen, die vor allem für die Erzeugung von Qualitätskulturen, wie Speisekartoffeln oder Braugerste, geschätzt werden. Ferner haben sie den Vorteil, daß bei ihrer Anwendung keine überflüssigen Kat- oder Anionen den Pflanzen zugeführt werden. Blutmehl enthält 10—14% N, Ledermehl 5—10%, Wollstaub 3—10%, Hornmehl 10—14% N, Fischguano 8—9% N und 13—14% P_2O_5. Beim Peruguano unterscheidet man zwischen dem rohen Guano mit 7—12% N, 9—13% P_2O_5 und 2% K_2O, bei dem der

Stickstoff zur Hälfte aus harnsaurem Ammonium und zur anderen Hälfte aus oxalsaurem Ammonium besteht, und dem aufgeschlossenen Guano, bei dem vor allem die Phosphorsäure in eine löslichere Form übergeführt worden ist. Von den organischen Düngermitteln nach Art des Huminals, Nettolins und Biohums wurde schon früher bei den Humusdüngermitteln gesprochen.

Höhe der Stickstoffdüngung. Was die Höhe der Stickstoffdüngung anbelangt, so ist sie abhängig von der Bodenart, der Fruchtfolge und der gleichzeitig gegebenen Stallmist- und Gründüngung. Schwere, untätige Böden und feuchte Sandböden lohnen viel eher höhere Stickstoffgaben als trockene, humose, sehr tätige Böden; Moorböden benötigen keine Stickstoffdüngung. Nach Stickstoff-Zehrern braucht man naturgemäß mehr Stickstoff zur Nachfrucht als bei Leguminosen als Vorfrucht. Wird genügend Stickstoff in Form von Wirtschaftsdüngermitteln verabreicht, so wird es sich vielfach erübrigen, noch mineralischen Stickstoff zu geben oder höchstens nur in viel geringeren Mengen, als wenn keine Stallmist- oder Gründüngung verabreicht wurde.

b) Phosphorsäure-Düngermittel

Das Ausgangsprodukt für die Erzeugung der meisten Phosphatdüngermittel bilden die Rohphosphate, hauptsächlich Phophorite und Apatite; die Apatite sind ihrer Zusammensetzung nach entweder Fluorapatite oder Hydroxylapatite. Bewertet werden die Rohphosphate hauptsächlich nach ihrem Gehalt an Phosphorsäure, die in Form von Tricalciumphosphat gebunden ist. Europa ist mit Ausnahme der Kolaphosphate des europäischen Rußlands sehr arm an Rohphosphaten. Große Phosphatlager finden sich auf Florida (Hard rock und Pebble-Phosphate), in Nordafrika (Algier-, Tunis- und Marokko-Phosphate) und in Ozeanien (Christmas-, Ocean-, Nauru-Phosphate). Die erstklassigen Rohphosphate weisen einen Gehalt von 20—35% P_2O_5 auf. Die Phosphorsäure der Rohphosphate löst sich nur in Mineralsäuren, ist somit schwer löslich und von den Pflanzen schlecht aufnehmbar. Deshalb werden die Rohphosphate nur auf sauren Hochmoorböden unmittelbar zur Düngung verwendet und auch da nur die weicherdigen. Normalerweise dienen sie als Ausgangsmaterial für die Gewinnung leichter löslicher Formen der Phosphorsäure. Das älteste Phosphorsäuredüngermittel ist das Superphosphat, das durch Aufschluß der Rohphosphate mit Schwefelsäure gewonnen wird:

$$Ca_3P_2O_8 + 2\,H_2SO_4 = Ca(H_2PO_4)_2 + 2\,CaSO_4$$

Zum Aufschließen des feingemahlenen Rohphosphats, das nicht mehr als zwei Prozent Eisen- und Aluminiumverbindungen enthalten darf, wird Kammersäure von 50—55° Bé (66—70% H_2SO_4) verwendet; die Menge der Schwefelsäure wird auf Grund der Analyse des Rohphosphats stöchiometrisch berechnet. Das Gemisch von wasserlöslichem Monocalciumphosphat und schwer löslichem Gips heißt Superphosphat und hat 18% wasser- und zitratlösliche Phosphorsäure bzw. 19% Gesamtphosphorsäure. Superphosphat ist eine grauweiße Substanz, die sich feucht anfühlt. Der Gehalt an Gips beträgt etwa 40%; neben der Phosphorsäure, die an Calcium gebunden ist, kommt auch noch immer etwas freie Phosphorsäure vor, die notwendig ist, um die Hydrolyse von Mono- zu Dicalciumphosphat, somit das sogenannte Zurückgehen (Wieder-Unlöslichwerden) der Phosphorsäure zu verhindern. Da die meisten Rohphosphate Fluor enthalten, spielen sich beim Aufschluß noch folgende Prozesse ab:

$$CaF_2 + H_2SO_4 = CaSO_4 + 2\,HF$$
$$CaSiO_3 + H_2SO_4 = CaSO_4 + H_2SiO_3$$
$$H_2SiO_3 + 4\,HF = SiF_4 + 3\,H_2O$$
$$SiF_4 + 2\,HF = H_2SiF_6$$

Die Salze der Silikofluorwasserstoffsäure sind zum Teil wertvolle Pflanzenschutzmittel.

Die Hauptbedeutung des Superphosphataufschlusses besteht in der Erzeugung von wasserlöslichem Monophosphat, das von der Pflanze wegen seiner leichten Löslichkeit leicht aufgenommen werden kann. Es dient daher zur raschen Versorgung schnell wachsender Pflanzen mit kurzer Wachstumszeit an Phosphorsäure, aber auch für stark produzierende Pflanzen wie die Rübe; ferner als Kopfdünger und zur Anwendung auf allen schwereren Bodenarten, die sich im guten Kalkzustand befinden, somit nicht für saure Böden. Es darf nicht mit kalkhaltigen Düngermitteln gemischt werden, da sonst wiederum schwer lösliche Calciumphosphate entstehen würden. Im Boden geht es zuerst in Dicalciumphosphat, nach längerer Zeit in Tricalciumphosphat über:

$$Ca(H_2PO_4)_2 + CaCO_3 = 2\,CaHPO_4 + CO_2 + H_2O$$
$$2\,CaHPO_4 + CaCO_3 = Ca_3P_2O_8 + CO_2 + H_2O.$$

Superphosphat muß trocken aufbewahrt werden; bei schlechter, vor allem feuchter Lagerung wird es klebrig und backt zusammen.

Zwar nicht für den Inlandsverbrauch, wohl aber für den Export wird das sogenannte Doppelsuperphosphat, auch Triplephosphat genannt, hergestellt, wobei zunächst aus Rohphosphaten durch Aufschluß mit verdünnter Schwefelsäure Phosphorsäure erzeugt wird, und mittels dieser Säure hochprozentige Rohphosphate aufgeschlossen werden; es enthält etwa 35—40% bzw. 44 bis 45% P_2O_5.

Thomasphosphat. Das Thomasphosphat wird bei der Stahlerzeugung als Nebenprodukt gewonnen, wobei etwa ein Viertel der erzeugten Stahlmenge als Thomasschlacke anfällt. Dem Roheisen muß bei der Verarbeitung auf Stahl der aus den Eisenerzen stammende Phosphor entzogen werden, was nach dem Verfahren von Thomas in der Weise geschieht, daß die Auskleidung des Konverters, in welchem das flüssige Roheisen mittels Durchblasen von Luft in Stahl verwandelt wird, mit gebranntem Dolomit erfolgt. Der Phosphor wird zu Phosphorsäure oxydiert und durch den Kalk und die Kieselsäure als Gemisch von $Ca_3P_2O_8 \cdot CaO$ und dem Doppelsalz $Ca_3P_2O_8 \cdot Ca_2SiO_4$ gebunden. Die mittlere Zusammensetzung des Thomasphosphats ist 15—20% P_2O_5, 40—50% CaO, 5—10% SiO_2, 12—16% FeO + Fe_2O_3, 5—10% MnO, 2—3% MgO, bis 0,6% S, 0,1—2% V_2O_5. Etwa 80% der Phosphorsäure ist zitronensäurelöslich, somit enthält es 14—18% zitronensäurelösliche P_2O_5, d. h. löslich in einer 2%igen Zitronensäurelösung. Wegen ihrer relativ schweren Löslichkeit ist die Thomasphosphat-Phosphorsäure in ihrer Wirkung im Vergleich zu Superphosphat langsamer und nachhaltiger. Wertvoll ist der hohe Kalkgehalt, weshalb es besonders auf sauren Moor- und Wiesenböden angewandt wird, aber auch sonst auf kalkarmen Sandböden. Ferner wird es für Kulturpflanzen verwendet, die über ein hohes Lösungsvermögen für Phosphorsäure verfügen, wie insbesondere die Leguminosen. Es kommt ferner überall in Frage, wo eine Vorratsdüngung an Phosphorsäure verabreicht werden muß. Wertvoll ist auch sein Gehalt an Magnesium, Mangan und anderen Spurenelementen.

Borsuperphosphat. Für die Düngung der Rüben zur Bekämpfung der Herz- und Trockenfäule, der Verhinderung der Glasigkeit der Steckrüben, des Kümmerns bei Luzerne, des Braunwerdens bei Blumenkohl wird Borsuperphosphat erzeugt, ein Produkt mit 17% wasser- plus zitratlöslicher Phosphorsäure und 5% Borax.

Rhenaniaphosphat wird durch alkalischen Aufschluß aus den Rohphosphaten erzeugt und gehört daher zur Gruppe der Glühphosphate. Rohphosphate werden mit Soda und Kieselsäure bis zur Sinterung in sogenannten Drehöfen zusammengeschmolzen, wobei sich folgender Prozeß abspielt:

$$Ca_3P_2O_8 + Na_2CO_3 + SiO_2 = 2\,CaNaPO_4 + Ca\,SiO_3 + CO_2.$$

Es wird nach seinem Gehalt an zitratlöslicher Phosphorsäure bewertet, die entweder 24 oder 30% P_2O_5 beträgt. Man versteht darunter jene Phosphorsäure, die in einer ammoniakalischen Ammonzitratlösung (Petermannscher Lösung) löslich ist. Wertvoll ist sein Gehalt an Kieselsäure (etwa 10% SiO_2). Rhenania-Phosphat steht in seiner Wirkung dem Superphosphat sehr nahe, entsprechend der Löslichkeit seiner Phosphorsäure in Zitratlösung. Besonders hervorzuheben ist seine günstige Wirkung auch auf alkalischen Böden.

Dicalciumphosphat, Präcipitat, wird heute kaum mehr als Düngermittel, wohl aber als Futtermittel (Phosphorsaurer Futterkalk) verwendet. Ursprünglich wurde es aus Knochen als Nebenprodukt der Leimfabrikation gewonnen, heute meist aus mineralischen Phosphaten. Zuerst wird durch Aufschluß mit Salzsäure Monocalciumphosphat erzeugt, aus dem durch Kalkmilch Dicalciumphosphat ausgefällt wird:

$$Ca_3P_2O_8 + 4\,HCl = CaH_4P_2O_8 + 2\,CaCl_2$$
$$Ca\,H_4P_2O_8 + Ca\,(OH)_2 = 2\,CaHPO_4 + 2\,H_2O.$$

Das Produkt hat 38,0% Gesamtphosphorsäure und 35% zitratlösliche Phosphorsäure. Wird es für Fütterungszwecke verwendet, so ist besonders wichtig, daß es kein Arsen enthält, das mitunter in der technischen Salzsäure vorkommt.

Röchling-Phosphat. Dieses Düngermittel wird seit einiger Zeit in der Weise hergestellt, daß Rohphosphat mit einer Sodaschlacke im Glühprozeß aufgeschlossen wird, die bei der Entschwefelung des Roheisens anfällt. Das Röchlingphosphat enthält 20% Gesamtphosphorsäure, etwa 19% zitratlösliche Phosphorsäure, 32% CaO, 19% SiO_2, 2% MnO_2 und außerdem noch Cu und Vanadium.

Palatia-Phosphat enthält 22—25% zitratlösliche Phosphorsäure und 40% CaO. Dieses Glühphosphat wird von der Firma Gebrüder Giulini in Ludwigshafen durch alkalischen Aufschluß hergestellt.

Hyperphosphat Reno ist ein weicherdiges Rohprodukt aus Gafsa in Tunesien in besonders feiner Mahlung mit 25 bis 29% Gesamtphosphorsäure und 50% CaO, davon 12% $CaCO_3$. Es eignet sich besonders für saure Moorböden.

Camaphos enthält 16% P_2O_5, teils wasserlöslich, teils zitrat- und zitronensäurelöslich, ferner 30% CaO und 4% MgO. Es wird durch Umsetzung von Superphosphat mit Dolomit hergestellt.

Knochenmehl. Das ursprüngliche rohe Knochenmehl enthält 3—4% N und 16—24% P_2O_5. Die Knochen werden entfettet, geschrotet und bilden dann das nicht entleimte Knochenmehl mit 4% N und 31% P_2O_5. Werden die Knochen auch entleimt, so erhält man die Produkte „Einsa“ mit 30% P_2O_5 und 1% N; „Dreia“ mit 21% P_2O_5 und 3% N; „Viera“ mit 20% P_2O_5 und 4% N. Ihre Wirkung ist sehr langsam, da in ihnen hauptsächlich Tricalciumphosphat enthalten ist; sie sind für saure Mineralböden geeignet. Manchmal werden sie zu Dicalciumphosphat aufgeschlossen.

Höhe der Phosphatdüngung. Auch die Anwendung und die Höhe der Phosphorsäuredüngung hängt von der Bodenart, der Art der Kulturpflanzen, der Fruchtfolge und davon ab, ob Wirtschaftsdüngermittel dem Boden verabreicht worden sind. Auch an dieser Stelle sei, wie schon früher, nochmals besonders hervorgehoben, daß austauschsaure Böden, bevor sie mit Phosphorsäure gedüngt werden, immer vorher aufgekalkt werden müssen. Da im austauschsauren Boden Eisen und Aluminium löslich sind, würde ansonsten die Phosphorsäure als unlösliches, für die Pflanzen nicht aufnehmbares Eisen- und Aluminiumphosphat festgelegt werden, d. h. die Phosphorsäuredüngung wäre völlig nutzlos.

c) Kalidüngermittel

Die Kalisalzlager Mittel- und Norddeutschlands sind in der Zechsteinperiode gebildet worden. Vom Meere abgeschnürte Teile (Binnenseen) unterlagen bei dem damaligen ariden Klima der Verdunstung, so daß die einzelnen Salze auf Grund ihrer verschiedenen Löslichkeit schichtweise zur Ausscheidung gelangten. Das Calciumsulfat, der Anhydrit, wurde wegen seiner Unlöslichkeit zuerst abgeschieden; darauf folgte das Natriumchlorid, später die Kalium- und Magnesiumsalze (Abraumsalze). Die wichtigsten Mineralien dieser Salzlager sind Anhydrit ($CaSO_4$), Gips ($CaSO_4 \cdot 2\,H_2O$), Steinsalz (NaCl), Sylvin (KCl), Sylvinit (KCl + NaCl), Kieserit ($MgSO_4 \cdot H_2O$), Carnallit ($KCl \cdot MgCl_2 \cdot 6\,H_2O$), Kainit ($KCl \cdot MgSO_4 \cdot 3\,H_2O$), Hartsalz (Sylvinit + Kieserit). Die sogenannten Salzgesteine bestehen aus mehreren dieser Mineralien. Wird das natürliche Salzgestein gemahlen und unmittelbar als Düngemittel verwendet, so spricht man von den Kalirohsalzdüngermitteln. Meist werden aber die Rohsalze auf hochprozentige Kaliumsalze verarbeitet.

Für die direkte Verwendung als Düngermittel kommen von den Rohsalzen nur die Kainitgesteine mit 12—15% K_2O in Betracht, während die Karnallitgesteine mit 9—12% K_2O zur Herstellung der Kalireinsalze dienen. Außer in Nord- und Mitteldeutschland gibt es noch Kalisalzvorkommen im Elsaß, in Spanien, Rußland, Nordamerika, am Toten Meer. Bei der Verarbeitung von Rohsalzen auf konzentrierte Kalisalze wird zunächst aus dem Karnallit durch fraktionierte Kristallisation das Kaliumchlorid gewonnen. Der Rohkarnallit wird mit einer aus dem laufenden Betrieb stammenden „Rohlauge“, welche 10—20% $MgCl_2$ enthält und an Natriumchlorid gesättigt ist, bei Siedehitze ausgelaugt. Aus der geklärten heißen Lösung kristallisiert beim Erkalten Kaliumchlorid aus. Aus den sogenannten Endlaugen wird Magnesiumchlorid und Brom gewonnen. Je nach der Art des durchgeführten Verfahrens erhält man 50%iges Kalisalz, d. h. Kaliumchlorid in verschiedenen Gehaltslagen, entweder mit 53% oder 58% KCl (die Garantie beträgt 50 bzw. 57% K_2O). Dieses 50%ige Kalisalz, auch Chlorkali genannt, wird entweder als Düngermittel verwendet oder durch Umsetzung mit Kieserit auf Patentkali weiter verarbeitet:

$$2\,KCl + 2\,MgSO_4 + 6\,H_2O = K_2SO_4 \cdot MgSO_4 \cdot 6\,H_2O + MgCl_2.$$

Die schwefelsaure Kalimagnesia, das sogenannte Patentkali, enthält etwa 27% K_2O. Durch weitere Umsetzung dieses Salzes mit Kaliumchlorid entsteht das schwefelsaure Kali:

$$K_2SO_4 \cdot MgSO_4 + 2\,KCl = 2\,K_2SO_4 + MgCl_2.$$

Das schwefelsaure Kali kommt als Düngermittel mit 50% bzw. 53% K_2O in den Handel. Außer dem 50%igen Kalisalz wird noch das 20%ige, 30%ige und 40%ige Kalisalz erzeugt, wovon das letztgenannte in der Praxis die größte Rolle spielt. Die genannten Salze werden meist durch Mischen von technisch reinem Kaliumchlorid mit Rohsalzen bis zum gewünschten Kaligehalt hergestellt; oder es werden in der Natur vorkommende, hochprozentige Rohsalze vom genannten Kaligehalt verwendet; schließlich kann man auch bei der Verarbeitung das 50%ige Kalisalz nur so weit reinigen, daß Kalisalze von 20%, 30% oder 40% K_2O erzielt werden.

Anwendung der Kalisalze. Bei der Anwendung der Kalisalze ist zu bedenken, daß die Rohsalze infolge ihres hohen Gehaltes an Natriumsalzen verkrustend auf schwere Böden einwirken, während auf leichten Böden eine Erhöhung der Bindigkeit unter Umständen von Vorteil sein kann. Dadurch, daß die Natrium-Ionen in die Sorptionskomplexe des Bodens eindringen und auch in der Bodenlösung die Calcium-Ionen von Natrium-Ionen verdrängt werden, ist die enorme Gefahr gegeben, daß die Krümelstruktur in die Einzelkornstruktur übergeht. Man wird daher vermeiden, auf schweren Böden größere Mengen von Rohsalzen zu verwenden. Ferner ist bei Anwendung der Kalisalze wichtig, daß die Rohsalze große Mengen Chloride enthalten und daher bei chlorophoben Pflanzen möglichst keine Kainitdüngung anzuwenden ist. Selbst von den konzentrierten Kalisalzen wird man zu chlorempfindlichen Pflanzen, wie z. B. Kartoffeln, Tabak, vorteilhafterweise Sulfate und keine Chloride geben, somit lieber Patentkali und schwefelsaueres Kali als 40%iges Kalisalz, besonders wenn Ernteprodukte erstklassiger Qualität erzeugt werden sollen. Dagegen wird man zu chlorophilen Pflanzen wie Zucker- und Futterrüben, Gerste, Luzerne, lieber Chloride als Sulfate des Kaliums verabreichen. Bei Rohsalzen ist es angezeigt, sie bereits einige Zeit vor der Saat auszustreuen, damit die Nebensalze, die stark keimungsverzögernd wirken, bis zur Aussaat ausgewaschen werden. Auch die Höhe der Kalidüngung ist abhängig von der Bodenart, der jeweiligen Kulturpflanze und der gleichzeitigen Anwendung von Wirtschaftsdüngermitteln. Am kalibedürftigsten sind Kartoffeln und Futterrüben, weniger die Zuckerrübe, die ein gewisses Aufschließungsvermögen für Bodenkali besitzt. Von den Getreidearten ist die Sommergerste am kalibedürftigsten, darauf folgen Sommerweizen, Hafer und Roggen.

d) Kalkdüngermittel

Der kohlensaure Kalk. Das Ausgangsprodukt für die meisten wichtigen Kalkdüngemittel ist das natürliche Kalkgestein, das als Kalkstein, Dolomit, Marmor, Kalkmergel und Tonmergel vorkommt. Kalkmergel enthalten 75—90%, andere Mergel 40—75% $CaCO_3$. Mergel, die weniger als 20% $CaCO_3$ aufweisen, lohnen die Gewinnung nicht. Man unterscheidet Humusmergel, Kalkmergel, Dolomitmergel, Tonmergel, Sandmergel. Calciumkarbonat löst sich in reinem Wasser sehr schlecht, in einem Liter Wasser lösen sich nur 18 mg $CaCO_3$.

Erst unter dem Einfluß von kohlensäurehaltigem Wasser geht Calciumkarbonat als Bikarbonat in Lösung:

$$CaCO_3 + H_2O + CO_2 = Ca(HCO_3)_2.$$

Die Löslichkeit von kohlensaurem Kalk ist von dem Kohlensäuregehalt des Wassers und der Teilchengröße abhängig. In restlos mit Kohlensäure gesättigtem Wasser lösen sich bei 1 atm Druck im Liter 0,9 Gramm $CaCO_3$. Daraus geht schon hervor, daß der Wert des kohlensauren Kalkes um so größer ist, in je feinerer Mahlung er vorliegt. Die Kalksteinmehle enthalten 90—95% $CaCO_3$, die meisten anderen kohlensauren Kalke 80% $CaCO_3$. Magnesiumreiche kohlensaure Kalke heißen auch Dolomitkalke, Magerkalke oder Graukalk; magnesiumarme Kalke Weißkalke oder Fettkalke. Magnesiumkarbonat wirkt zwar etwas langsamer als Calciumkarbonat, wird aber diesem gewöhnlich in seiner basischen Wirkung gleichgesetzt. Der kohlensaure Kalk wird auf leichtem Boden verwendet, da er langsam wirkt und daher keine plötzliche Reaktionsänderungen hervorrufen kann, die sich auf schwach gepufferten Böden schlecht auswirken würden.

Branntkalk wird aus kohlensaurem Kalk in den sogenannten Ringöfen bei etwa 800 Grad durch thermische Dissoziation (Kalzinierung) gewonnen:

$$CaCO_3 = CO_2 + CaO - 42{,}5 \text{ Cal.}$$

Der Branntkalk kommt als Stückkalk, Körnerkalk oder gemahlener Stückkalk in den Handel (80—95% CaO). Enthält er mehr als 10% Magnesiumoxyd, so heißt er Magnesiabranntkalk. Mit Wasser wird aus Branntkalk der Löschkalk erzeugt:

$$CaO + H_2O = Ca(OH)_2,$$

ein Vorgang, der sich normalerweise bei der Düngung mit Branntkalk im Boden abspielt. Der Löschkalk enthält 60 bis 70% CaO. Branntkalk und Löschkalk werden auf schweren Böden angewendet, wobei beachtet werden muß, daß sie einige Zeit vor der Saat ausgestreut werden, um eine Schädigung der jungen Pflanzen zu verhindern. An der Luft gehen Brannt- und Löschkalk mit der Zeit in $CaCO_3$ über, selbstverständlich auch nach längeren Zeiträumen im Boden. Am besten wendet man auf schweren Böden die sogenannte Stoppelkalkung an, d. h. man gibt den Branntkalk unmittelbar nach der Ernte und pflügt ihn ein, um die rasche Umwandlung in $CaCO_3$ zu vermeiden.

Mischkalk mit 60—65% CaO ist eine Mischung von CaO und $CaCO_3$ und vereinigt deshalb die schnelle, starke Wirkung des Branntkalkes mit der nachhaltigen, milden Wirkung des kohlensauren Kalkes. Für leichte und mittlere Böden kann er verwendet werden.

Hochofenschlacke oder Hüttenkalk ist $CaSiO_3$, Calciummetasilikat, mit mindestens 42% CaO + MgO. Der Hüttenkalk wird beim Hochofenprozeß gewonnen und ist besonders auch wegen seines Gehaltes an Spurenelementen wertvoll. Infolge seiner milden Wirkung ist er vor allem auf leichten Böden zu verwenden.

Scheideschlamm ist ein Abfallprodukt der Zuckerindustrie. Er enthält etwa 20% CaO, hauptsächlich in Form von $CaCO_3$, und geringe Mengen von N, P, K. Seine Anwendung kommt nur in der Nähe von Zuckerfabriken in Frage, weil für längeren Transport sein Wassergehalt zu hoch ist.

Leuna- oder Oppauer-Düngerkalk entsteht beim Leunaprozeß und enthält etwa 60—70% $CaCO_3$.

Bunakalk wird bei der Kautschuksynthese als Nebenprodukt gewonnen. Er ist ein Löschkalk mit 70% CaO (als $Ca(OH)_2$) und 0,4% N.

Karbidschlamm besteht aus gelöschtem Kalk und hat 30—40% CaO. Da er pflanzenschädliche Stoffe in Form von Karbiden enthält, wird er am besten auf den Komposthaufen gebracht. Auf keinen Fall darf er auf Feldern mit einem Pflanzenbestand verwendet werden. Wird er auf den Acker gebracht, so darf dies nur im Herbst geschehen, damit die Umsetzung der schädlichen Stoffe bis zum Frühjahr beendet ist.

Anwendung des Kalkes. Der Kalk ist in erster Linie Bodendünger, erst in zweiter Linie Pflanzendünger. Im normalen, gesunden Boden muß stets $CaCO_3$ vorhanden sein, woraus durch die Kohlensäure der Bodenatmung Calciumbikarbonat entsteht, somit Calcium-Ionen in die Bodenlösung kommen, die für die Erzeugung und Erhaltung der Krümelstruktur wesentlich sind. Die Acidoide des gesunden Bodens sollen zu etwa 60—70% durch Calcium-Ionen abgesättigt sein, was beim organischen Sorptionskomplex den milden Humus erzeugt. Durch das System $Ca(HCO_3)_2/H_2CO_3$ und das System Calcium-Acidoid/freies Acidoid wird der Hauptsache nach die Pufferung des Bodens bewirkt. Auch eine für das Pflanzenwachstum und Mikroorganismenleben zusagende günstige Bodenreaktion kann nur bei Gegenwart entsprechender Kalkmengen entstehen, ebenso wie die mineralischen Düngermittel nur optimal wirken können, wenn die Reaktion und Kalkverhältnisse des Bodens in Ordnung sind. Dies gilt insbesondere für die Phosphatdüngung, die, wie früher schon ausführlich gesagt worden ist, nur Sinn hat, wenn der Boden nicht austauschsauer ist.

Im Vergleich zu den Kalkmengen, die für die Erhaltung der Fruchtbarkeitseigenschaften des Bodens nötig sind, sind diejenigen gering, die unmittelbar als Pflanzennährstoff in Frage kommen. Die Auswaschungsverluste der Böden an Calcium sind im humiden Klima ungemein groß; ferner werden durch Bodenatmung und Nitrifikation ständig erhebliche Mengen in Lösung gebracht, ganz abgesehen von den Kalkmengen, die in den Ernteprodukten die Wirtschaft verlassen. Es muß daher dafür gesorgt werden, daß die auf diese Weise dem Boden regelmäßig entzogenen Kalkmengen ihm durch eine von Zeit zu Zeit gegebene Kalkdüngung wieder ersetzt werden (Erhaltungskalkung). Dagegen müssen aber Böden, die jahrelang in ihrem Kalkhaushalt vernachlässigt worden sind, größere Kalkmengen in Form der Gesundungskalkung erhalten, um wieder auf normale Reaktionsverhältnisse zu kommen. Die Erhaltungskalkung soll damit die in jedem Jahr verschwundene Kalkmenge dem Boden wieder zuführen; sie wird meist alle drei bis vier Jahre mit etwa 15—25 dz/ha $CaCO_3$ oder 10—15 dz/ha CaO vorgenommen, auf leichten Böden mit $CaCO_3$, auf schweren mit Branntkalk oder Löschkalk. Für eine Gesundungskalkung werden Mengen von 20—25 dz/ha CaO oder die äquivalenten Mengen Löschkalk angewendet;

sollten höhere Gaben als 25 dz/ha nötig sein, dann muß man die Kalkung in mehreren Etappen durchführen. Die Kalkdüngung wird am besten bei trockenem, windstillem Wetter vorgenommen und die gegebene Kalkmenge in den Boden entsprechend eingearbeitet. Man muß sich besonders auf leichten, pufferschwachen, humosen Böden vor Verabreichung zu großer Kalkmengen hüten (Überkalkung) und darf auf keinen Fall zu solchen Böden Branntkalk verwenden. Überkalkungsfehler haben Verluste an Humussubstanz und Nährstoffen zur Folge und können auch Anlaß zu Spurenelement-Mangelerscheinungen geben, die vielfach nicht auf tatsächlichen Mangel an Mikronährstoffen zurückzuführen sind (absoluter Mangel), sondern auf Festlegung der vorhandenen Spurenelemente durch zu starke alkalische Reaktion (relativer Mangel). Auf solche Weise kann durch Überkalkung die Dörrfleckenkrankheit des Hafers und die Herz- und Trockenfäule der Rübe entstehen. Aber auch Kartoffelschorf und andere Krankheiten können die Folge der Anwendung zu großer Mengen von Kalk sein. Eine richtige Kalkdüngung ist somit Voraussetzung für die Bodenfruchtbarkeit und eine optimale Wirkung der Mineraldünger.

e) Düngermittel mit mehreren Nährstoffen

Soweit nicht schon bisher erörtert, seien nachstehend die Düngermittel mit mehreren Nährstoffen (Mischdünger) angeführt.

Am-Sup 9 × 9 salpeterhaltig	9% Stickstoff 9% Phosphorsäure
Am-Sup 11 × 11 salpeterhaltig	11% Stickstoff 11% Phosphorsäure
Kalkammonphosphatsalpeter (Scheiblers Kampsalpeter 13/13)	13% Stickstoff ($4\,\%\ NO_3 = N$ u. $9\,\%\ NH_3 = N$) 13% Phosphorsäure
Phoskali 10 × 20	10% Phosphorsäure 20% Kali
Camaphoskali 10 × 20	10% Phosphorsäure 20% Kali 2,5% MgO (Magnesia)

Kalkphoskali 9 × 15	9% Phosphorsäure 15% Kali 20% $CaCO_3$
RHE-KA-PHOS 11/22	11% ammonzitratl. P_2O_5 22% Kali (K_2O) 18% Kalk (CaO)
Am-Sup-Ka 9 × 9 × 9 salpeterhaltig	9% Stickstoff 9% Phosphorsäure 9% Kali
Am-Sup-Ka 9 × 9 × 15	9% Stickstoff 9% Phosphorsäure 15% Kali
Am-Sup-Ka 3 × 10 × 15 salpeterhaltig	3% Stickstoff 10% Phosphorsäure 15% Kali
Kalkammonphosphatsalpeter-Kali (Scheiblers Volldünger Kampka 10/10/15 "S")	10% Stickstoff ($3^1/_2$% NO_3 = N + $6^1/_2$% NH_3 = N) 10% Phosphorsäure 15% Kali in schwefels. Form
Kalkammonphosphatsalpeter-Kali(Scheiblers Volldünger Kamp 12/12/18)	12% Stickstoff (4% NO_3 = N + 8% NH_3 = N) 12% Phosphorsäure 18% Kali
Kalkammonphosphatsalpeter-Kali (Scheiblers Spezialdünger 6/12/18)	6% Stickstoff (1% NO_3 = N + 5% NH_3 = N) 12% Phosphorsäure 18% Kali
Nitrophoska rot (garantierte Mindestgehalte an Spuren-Elementen für 100kg Ware: Cu 2 g, Mn 2 g, Zn 12 g, B 1 g, Mg 250 g)	13% Stickstoff (6% NO_3 = N + 7% NH_3 = N) 13% Phosphorsäure, zitratlösl., davon $^1/_3$ wasserlösl. 21–22% Kali als Kaliumchlorid
Nitrophoska blau (garantierte Mindestgehalte an Spurenelementen f. 100 kg Ware; Cu 2 g, Mn 2 g, Zn 12 g, B 1 g, Mg 250 g)	12% Stickstoff ($5^1/_2$% NO_3 = N + $6^1/_2$% NH_3 = N) 12% Phosphorsäure, zitratlösl., davon $^1/_3$ wasserlöslich 20% Kali als Kaliumsulfat

Ruhr-Volldünger 10×8×18 (magnesiahaltig)	10%	Stickstoff (5% NO_3 = N + 5% NH_3 = N)
	8%	Phosphorsäure, zitratlöslich,
	18%	Kali
Volldünger „Hoechst" (Rotkorn) 12/12/21,5	12%	Stickstoff (6% NO_3 = N + 6% NH_3 = N)
	12%	Phosphorsäure (3% wasserl. 9% zitratl.)
	21%	Kali als KCl
Spezial-Volldünger „Hoechst" mit Hochleistungselementen (Blaukorn) 12/12/18	12%	Stickstoff (6% NO_3 = N + 6% NH_3 = N)
	12%	Phosphorsäure (3% wasserl. 9% zitratl.)
	18%	Kali (als K_2SO_4) Bor, Kupier, Mangan, Zink, Magnesium)

Das Mischen von Düngermitteln hat insofern praktische Bedeutung, da es aus Gründen der Arbeitsersparnis angezeigt erscheint, sie so in einem Arbeitsgang auszustreuen. Als allgemeine Regeln für die Mischbarkeit von Düngermitteln ist wichtig, daß alle ammoniumhaltigen Düngermittel nicht mit Kalkdüngermitteln und solchen Substanzen gemischt werden dürfen, die den Kalk als CaO oder $CaCO_3$ enthalten (Kalkstickstoff, Thomasphosphat). Aufgeschlossene Phosphate sind nicht mit kalkhaltigen Düngermitteln zu mischen, da sonst die Löslichkeit der Phosphorsäure wiederum zurückgeht. Kalkdünger und kalkhaltige Düngermittel sind auch nicht mit Stallmist zusammen zu bringen, da sonst Ammoniakverluste auftreten; solche Düngermittel müssen mindestens in einem Abstand von 10—14 Tagen aufgebracht werden, um derartige Verluste zu vermeiden.

VI. Literatur

W. Baumeister, Mineralstoffe und Pflanzenwachstum. G. Fischer, Jena 1952

W. Bladergroen, Physikalische Chemie in Medizin und Biologie, 2. Auflage, Verlag Wepf & Co., Basel 1949

E. Blanck, Handbuch der Bodenlehre, Verl. J. Springer, Berlin 1931.

H. Haselhoff u. E. Blanck, Lehrbuch der Agrikulturchemie, Berlin 1928.

K A. Hofmann u. W. Rudorff, Anorganische Chemie, 14. Auflage, Verl. F. Vieweg & Sohn, Braunschweig 1951.

F. Honcamp, Handbuch der Pflanzenernährung und Düngerlehre, Verl. J. Springer, Berlin 1931.

Bruno Huber, Pflanzenphysiologie, Verlag Quelle & Meyer, Heidelberg 1949.

P. Karrer, Lehrbuch der organischen Chemie, Verlag Georg Thieme, Stuttgart 1950, 11. Auflage.

J. Kostytschew, Lehrbuch der Pflanzenphysiologie, Berlin 1926/31.

W. Laatsch, Dynamik der deutschen Acker- und Waldböden, Dresden-Leipzig 1944.

F. Löhnis, Handbuch der landw. Bakteriologie, 2. Auflage, Verl. Gebr. Bornträger, Berlin 1935.

F. Löhnis, Vorlesungen über landwirtschaftl. Bakteriologie, 2. Auflage, Verl. Gebr. Bornträger, Berlin 1926.

Methodenbuch, Handbuch der landwirtschaftlichen Versuchs- und Untersuchungsmethodik. Herausgegeben von R. Herrmann. Die Untersuchung von Böden. Von R. Thun, 2. Auflage. Verl. Neumann, Radebeul u. Berlin 1949.

E. A. Mitscherlich, Bodenkunde für Land- und Forstwirte, 4. Auflage, Berlin 1923.

A. von Nostiz u. J. Weigert, Die künstlichen Düngermittel. Stuttgart 1928, Verlag Fr. Enke.

E. Ramann, Bodenkunde, 3. Auflage, Berlin 1911.

A. Rippel, Vorlesungen über Bodenmikrobiologie, Berlin 1933.

G. W. Robinson, Die Böden, 3. Auflage, Berlin 1939.

Römer-Scheffer, Lehrbuch des Ackerbaus, Verl. P. Parey, Berlin 1949, 3. Auflage.

K. Scharrer, Die biochemischen Grundlagen der Tierernährungslehre, Verl. F. Enke, Stuttgart 1950.

K. Scharrer, Einführung in die anorganische Chemie, Verl. A. Lutzeyer, Frankfurt a. M. 1949.

K. Scharrer, Einführung in die organische Chemie, Verl. A. Lutzeyer. Frankfurt a. M. 1950.

K. Scharrer, Die Bedeutung der Spurenelemente für die pflanzliche, tierische und menschliche Ernährung, Verl. A. Lutzeyer, Frankfurt a. M. 1947.

K. Scharrer, Biologischer Kreislauf der Elemente im Boden. Verl. A. Lutzeyer, Frankfurt a. M. 1947.

K. Scharrer, Biochemie der Spurenelemente, 2. Auflage. Verl. P. Parey Berlin 1944.

K. Schmalfuß, Pflanzenernährung und Bodenkunde, Verl. S. Hirzel, Leipzig, 2. Auflage, 1951.

F. Scheffer, Agrikulturchemie, Teil a, b, c, Stuttgart 1937, 1938, 1941.

F. Scheffer u. Schachtschabel, Lehrbuch der Agrikulturchemie u. Bodenkunde. 1. Teil Bodenkunde, Verlag F. Enke, Stuttgart 1952.

W. Schneidewind, Die Ernährung der landw. Kulturpflanzen, 6. Auflage, Berlin 1926.

W. Schropp, Der Vegetationsversuch. Die Methodik der Wasserkultur höherer Pflanzen, Methodenbuch Band VIII, Verlag Neumann, Radebeul und Berlin 1951.

F. Schucht, Grundzüge der Bodenkunde, Berlin 1930.

C Stapp, Der Boden in biologischer Hinsicht. Handbuch der Pflanzenernährung und Düngerlehre von F. Honcamp, loc. cit.

A. Stebutt, Lehrbuch der allgemeinen Bodenkunde, Berlin 1930.

G. Wiegner u. H. Pallmann, Agrikulturchemisches Praktikum, Berlin 1938, Gebr. Bornträger.

H. Wiessmann u. K. Nehring, Agrikulturchemisches Praktikum, P. Parey Berlin. 1951

VII. Register

Maßanalyse. Theorie und Praxis d. klass. und der elektrochem. Titrierverf. Von G. Jander. I.: 6. Aufl. mit 18 Fig. 140 S. 1953 . . . . Bd. 221
II.: 6. Aufl. mit 24 Fig. 139 S. 1953 . . . . . . Bd. 1002

Aufgabensammlung zur Funktionentheorie. Von K. Knopp. I.: Aufgaben zur elementaren Funktionentheorie. 4. Aufl. 135 S. 1949 . . . . Bd. 877
II.: Aufgaben zur höheren Funktionentheorie. 4. Aufl. 151 S. 1949 . . . . Bd. 878

Gewöhnliche Differentialgleichungen. Von G. Hoheisel. 4., neubearbeitete Aufl. 129 S. 1951 . . . . Bd. 920

Partielle Differentialgleichungen. Von G. Hoheisel. 3., neubearb. Aufl. 130 S. 1952. In Vorbereitung . . . . . . Bd. 1003

Aufgabensammlung zu den gewöhnlichen und partiellen Differentialgleichungen. Von G. Hoheisel. 2., umgearb. Aufl. 124 S. 1952 . . . . Bd. 1059

Differentialrechnung. Von A. Witting. 3., neubearb. Aufl. Durchgesehener Neudruck. Mit 95 Fig. und 200 Beispielen. 201 S. 1949 . . . . Bd. 87

Repetitorium und Aufgabensammlung zur Differentialrechnung. Von A. Witting. 2. Aufl. Neudruck. 122 S. 1949 . . . . Bd. 146

Integralrechnung. Von A. Witting. 2. verbesserte Aufl. Durchgesehener Neudruck. Mit 62 Fig. und 190 Beispielen. 176 S. 1949 . . . . Bd. 88

Repetitorium und Aufgabensammlung zur Integralrechnung. Von A. Witting. 2. Aufl. Neudruck. 121 S. 1949 . . Bd. 147

Einführung in die konforme Abbildung. Von L. Bieberbach. 4. Aufl. Mit 42 Zeichnungen. 147 S. 1949 . . Bd. 768

Darstellende Geometrie. Von R. Haussner. 1. Teil: Elemente, ebenflächige Gebilde. 6., unveränderte Aufl. Mit 110 Fig. 207 S. 1947 . . . . Bd. 142
2. Teil: Perspektive ebener Gebilde, Kegelschnitte. 5., unveränderte Aufl. Mit 88 Fig. 168 S. 1947 . . . . . Bd. 143

Sammlung von Aufgaben und Beispielen zur analytischen Geometrie der Ebene. Von R. Haussner. Neudruck. Mit 22 Fig. 139 S. 1949 . . . . Bd. 256

Ebene und sphärische Trigonometrie. Von G. Hessenberg. 4. Aufl., Neudruck. 1952 . . . . Bd. 99

Nichteuklidische Geometrie. Hyperbolische Geometrie der Ebene. Von R. Baldus. 3., verbess. Aufl. durchges. von F. Löbell. Mit 70 Fig. 140 S. 1952. In Vorbereitung . Bd. 970

Vermessungskunde. Von P. Werkmeister. I.: Stückmessung und Nivellieren. 9. Aufl. Mit 145 Fig. 172 S. 1949 . . Bd. 468
II.: Messung von Horizontalwinkeln. Festlegung von Punkten im Koordinatensystem. Absteckungen. 7. Aufl. Mit 63 Fig. 151 S. 1949 . . . . Bd. 469
III.: Trigonometrische und barometrische Höhenmessung Tachymetrie und Topographie. 6. Aufl. Mit 64 Fig. 147 S. 1949 . . . . Bd. 862

Vektoranalysis. Von S. Valentiner. 7., wesentlich veränderte Aufl. Mit 19 Fig. 138 S. 1950 . . . Bd. 354

Versicherungsmathematik. Von F. Böhm. I.: Elemente d. Versicherungsrechnung, 2. verm. u. verb. Aufl. 149 S. Neudruck 1953 . . . . Bd. 180
II.: Lebensversicherungsmathematik, Einführung in die technischen Grundlagen der Sozialversicherung. 2. verm. u. verb. Aufl. 205 S. 1953 . . . . Bd. 917/17a

Physik / Chemie / Allgemeine, anorganische, organische und experimentelle Chemie / Elektrochemie / Technologie

Physikalische Formelsammlung. Von G. u. K. Mahler. 8., verbesserte Aufl. Mit 69 Fig. 153 S. 1950 . . . . Bd. 136

Physikalische Aufgabensammlung. Von G. u. K. Mahler. Mit den Ergebnissen. 7., verbess. Aufl. 127 S. 1952 . Bd. 243

Differentialgleichungen der Physik. Von E. Sauter. 2. Aufl. Mit 16 Fig. 148 S. 1950 . . . . Bd. 1070

Einführung in die Kristalloptik. Von E. Buchwald. 4., verbess. Aufl. Mit 121 Fig. 138 S. 1952 . . . . . . Bd. 619

Geschichte der Chemie. Von G. Lockemann. Bd. I: Vom Altertum bis zur Entdeckung des Sauerstoffs. Mit 8 Bildnissen. 142 S. 1950 . . . . Bd. 264

Allgemeine und physikalische Chemie. Von W. Schulze.
I. Teil. 3., durchgesehene Aufl. Mit 22 Fig. 146 S. 1949 Bd. 71
II. Teil: 3., durchgesehene Aufl. Mit 36 Fig. 160 S., 1949 Bd. 698

Physikalisch-Chemische Rechenaufgaben. Von E. Asmus. 2. Aufl. 96 S. 1949 . . . . Bd. 445

Anorganische Chemie. Von W. Klemm. 7. Aufl. Mit 18 Abb. 184 S. 1952. . . . . Bd. 37

Thermochemie. Von W. A. Roth. 3. Aufl. Mit 16 Fig. 109 S. 1952 . . . . Bd. 1057

Stöchiometrische Aufgabensammlung. Mit den Ergebnissen. Von W. Bahrdt und R. Scheer. 5., verbess. Aufl. Mit 120 S. 1952 . . . . Bd. 452

Analytische Chemie. Von J. Hoppe. I.: Reaktionen. 5., verbesserte Aufl. 135 S. 1950 . . . . Bd. 247
II.: Gang der qualitativen Analyse. 5., verbesserte Aufl. 168 S. 1950. . . . . Bd. 248

Elektrochemie und ihre physikalisch-chemischen Grundlagen. Von A. Dassler. Bd. I: Mit 21 Abb. 149 S. 1950 Bd. 252
Bd. II: Mit 17 Abb. 178 S. 1950 . . . . Bd. 253

Warenkunde. Von K. Hassak und E. Beutel. 7. Auflage, neu bearbeitet von A. Kutzelnigg. Bd. I: Anorganische Waren sowie Kohle und Erdöl. Mit 19 Fig. 116 S. 1947 Bd. 222
Bd. II: Organische Waren. Mit 32 Fig. 143 S. 1949 . . Bd. 223

Die Fette und Öle. Von K. Braun. 5., vollständig neubearb. und verbess. Aufl. von Th. Klug. 145 S. 1950 . . . . Bd. 335

Die Seifenfabrikation. Von K. Braun. 3., vollständig neubearb. und verbess. Aufl. von Th. Klug. Mit 18 Abb., etwa $7^1/_2$ Bogen. 1953 . . . . Bd. 336

Naturwissenschaften / Biologie / Botanik / Zoologie Land- und Forstwirtschaft

Hormone. Von G. Koller. 2. Aufl. Mit 60 Abb. und 19 Tab. 187 S. 1949. Bd. 1141

Geschlecht und Geschlechtsbestimmung im Tier- und Pflanzenreich. Von M. Hartmann. 2. Aufl. Mit 62 Abb. 155 S. 1951. Bd. 1127

Fortpflanzung im Tier- und Pflanzenreich. Von J. Hämmerling. 2., ergänzte Aufl. Mit 101 Abb. 135 S. 1951 . . Bd. 1138

Grundriß der allgemeinen Mikrobiologie. Von W. Schwartz.
Bd. I: Mit 17 Abb. 104 S. 1949 . . . Bd. 1155
Bd. II: Mit 12 Abb. 93 S. 1949 . . . . Bd. 1157

Symbiose der Tiere mit pflanzlichen Mikroorganismen. Von P. Buchner 2., verbesserte und vermeh 'e Aufl. Mit 121 Abb. 130 S. 1949 . . . . Bd. 1128

Entwicklungsgeschichte des Pflanzenreiches. Von H. Heil. 2. Aufl. Mit 94 Abb. und 1 Tab. 138 S. 1950 Bd. 1137

Morphologie der Pflanzen. Von L. Geitler. 3. Aufl. Mit 114 Abb. 126 S. 1952 . . . . Bd. 141

Pflanzenzüchtung. Von H. Kuckuck. I. Grundzüge 3., umgearb. u. erw. Aufl. M. 22 Abb. 132 S. 1952 . . . . . . Bd. 1134

Die Laubhölzer. Von F. W. Neger und E. Münch. 3., Aufl., hrsg. von B. Huber. M. 63 Fig. u. 7 Tab. 142 S. 1950 . Bd. 718

Die Nadelhölzer (Koniferen) und übrigen Gymnospermen. Von F. W. Neger und E. Münch. 4. Aufl., hrsg. von B. Huber. Mit 75 Fig., 4 Tab. und 3 Karten. 140 S. 1952 Bd. 355

Das Tierreich IV/3: Insekten. Von H. v. Lengerken. 128 S. mit 58 Abb. 1953. In Vorbereitung . . . . Bd. 594

Vergleichende Physiologie der Tiere. Von K. Herter.
I.: Stoff- und Energiew. 3. Aufl. Mit 64 Abb. 155 S. 1950 Bd. 972
II.: Bewegung und Reizerscheinungen. 3. Aufl. Mit 110 Abb. 148 S. 1950 . . . . Bd. 973

Landwirtschaftliche Tierzucht. Die Züchtung und Haltung der landwirtschaftlichen Nutztiere. Von H. Vogel. Mit 11 Abb. 139 S. 1952. . . . . Bd. 228

Kulturtechnische Bodenverbesserungen. Von O. Fauser.
I.: Allgemeines, Entwässerung. 4., neubearbeitete Aufl. Mit 47 Abb. 122 S. 1947 . . . . Bd. 691
II.: Bewässerung, Ödlandkultur, Umlegung. 4., neubearbeitete Aufl. Mit 67 Abb. 150 S. 1948 . . . Bd. 692

Geologie / Mineralogie / Kristallographie

Petrographie. Von W. Bruhns und P. Ramdohr. 3., durchgesehene Aufl. Mit 10 Fig. 117 S. 1949 . . . . . Bd. 173

Kristallographie. Von W. Bruhns und P. Ramdohr. 4. Aufl. 1952. In Vorbereitung . . . . Bd. 210

Einführung in die Kristalloptik. Von E. Buchwald. 4., verb. Aufl. Mit 121 Fig. 138 S. 1952. . . . . Bd. 619

Lötrohrprobierkunde. Mineraldiagnose mit Lötrohr und Tüpfelreaktion. Von M. Henglein. 3., verbesserte Aufl. Mit 11 Fig. 91 S. 1949 . . . . Bd. 483

Ingenieurwissenschaften

Allgemeines / Maschinenbau / Hoch- und Tiefbau Elektrotechnik / Wasserbau

Technische Tabellen und Formeln. Von W. Müller. 4., überarbeitete Aufl. Von E. Schulze. Mit 105 Fig. 152 S. 1951 Bd. 579

Dynamik. Von W. Müller. I.: Dynamik des Einzelkörpers. 2., verbesserte Aufl. Mit 70 Fig. 160 S. 1952 . Bd. 902
II.: Systeme von starren Körpern. 2., verbess. Aufl. Mit 41 Fig. 102 S. 1952 . . . . Bd. 903

Technische Thermodynamik. Von W. Nusselt. I.: Grundlagen. 3., verbess. Aufl. Mit 71 Abb. 144 S. 1950 . Bd. 1084
II.: Theorie der Wärmekraftmaschinen. Neudruck. Mit 87 Abb. und 32 Zahlentafeln. 144 S. 1951 . . . . . Bd. 1151

Festigkeitslehre. Von W. Gehler und W. Herberg. I.: Elastizität, Plastizität und Festigkeit der Baustoffe und Bauteile. Neudruck. Mit 118 Bild. 159 S. 1952 Bd. 1144

Technische Schwingungslehre. Von L. Zipperer. I: Allgem. Schwingungs-Gleichungen, Einfache Schwinger. Mit 101 Abb. 2., neubearb. Aufl. 120 S. 1953 . . . . Bd. 953

Metallkunde. Von H. Borchers. I.: Aufbau der Metalle und Legierungen. Mit 2 Tab. und 90 Abb. 2. Aufl. 110 S. 1950 Bd. 432

II: Eigenschaften, Grundzüge der Form und Zustandsgebung. 2. Aufl. Mit 8 Tab., 100 Abb. 154 S. 1952 . . Bd 433

Getriebelehre. Von P. Grodzinski und H. Polster. I · Geometrische Grundlagen. 2. Aufl. Mit 127 Fig. 1952 . . Bd. 1061

Die Maschinenelemente. Von E. vom Ende. 2., verbesserte Aufl. Mit 173 Fig. und 12 Taf. 159 S. 1950 . . . . . Bd. 3

Das Maschinenzeichnen mit Einführung in das Konstruieren. Von W. Tochtermann. I.: Das Maschinenzeichnen. 4. Aufl. Mit 77 Taf. 156 S. 1950 . . . . Bd. 589

II.: Ausgef. Konstruktionsbeisp. 4. A. M. 58 T. 130 S. 1950 Bd. 590

Die Dampfkessel und Feuerungen einschließlich Hilfseinrichtungen V. W. Marcard. 2. Aufl., neubearb. v. K. Beck. I.· Die theoretischen Grundlagen. Wärme, Verbrennung, Wärmeübertragung. Mit 42 Abb. u. 16 Tab. 150 S. 1951 Bd. 9

II.: Dampfkessel. Mit 53 Abb. 147 S. 1952 . . . . . Bd. 521

Gießereitechnik. Von H. Jungbluth. I. Teil: Eisengießerei. Mit 44 Abb. 126 S. 1951 . . . . Bd. 1159

Autogenes Schweißen und Schneiden. Von H. Niese. 5. Aufl. von A. Küchler. Mit 71 Fig. 136 S. 1952. In Vorbereitung Bd. 499

Die wichtigsten Baustoffe des Hoch- und Tiefbaues. Von O. Graf. 3., verbesserte Aufl. Mit 58 Abb. 136 S. 1947. Bd. 984

Grundlagen des Stahlbetonbaues. V. A. Troche. 2., erw. A. M. 75 A., 17 Bemessungst. u. 26 Rechenbeisp. 206 S. 1953 Bd. 1078

Fenster, Türen, Tore aus Holz und Eisen. Von W. Wickop. 3., überarb. und ergänzte Aufl. Mit 96 Abb. 154 S. 1949 Bd. 1092

Heizung und Lüftung. Von J. und W. Körting. I.: Das Wesen u. die Berechn. der Heizungs- u. Lüftungsanlagen. 8. Aufl. Mit 29 Abb. und 18 Zahlentafeln. 140 S. 1951 Bd. 342

II.: Die Ausführung der Heizungs- u. Lüftungsanlagen. 8. Aufl. 1952. In Vorbereitung . . . . Bd. 343

Die Gleichstrommaschine. Von K. Humburg. I.: Durchgesehener Neudruck. Mit 59 Abb. 102 S. 1949 . Bd. 257

II.: Durchgesehener Neudruck. Mit 38 Abb. 98 S. 1949 Bd. 881

Die synchrone Maschine. Von K. Humburg. Neudruck. Mit 78 Bildern. 109 S. 1951 . . . . Bd. 1146

Transformatoren. Von W. Schäfer. 2. Aufl. Mit 74 Abb. 128 S. 1949. . . . . Bd. 952

Die komplexe Berechnung von Wechselstromschaltungen. Von H. H. Meinke. Mit 114 Abb. 160 S. 1949 . . . Bd. 1156

Theoretische Grundlagen zur Berechnung der Schaltgeräte. Von F. Kesselring. 3. Aufl. Mit 92 Abb. 144 S. 1950 Bd. 711

Elektromotorische Antriebe. (Grundlagen für die Berechn.) Von A. Schwaiger. 3. Aufl. Mit 34 Abb. 95 S. 1952 . . . Bd. 827

Überspannungen und Überspannungsschutz. Von G. Frühauf. Durchges. Neudruck. Mit 98 Abb. 122 S. 1950 Bd. 1132

Talsperren. Von F. Tölke. Mit 70 Abb. 122 S. 1953 Bd. 1044

Verkehrswasserbau. Von H. Dehnert. I.: Entwurfsgrundlagen, Flußregelungen. Mit 52 Textabb. 103 S. 1950 Bd. 585

II.: Flußkanalisierungen und Schiffahrtskanäle. Mit 60 Textabb. 94 S. 1950 . . . . Bd. 597

III.: Schleusen und Hebewerke. Mit 70 Textabb. 98 S. 1950 . . . . Bd. 1152

Wehr- und Stauanlagen. Von H. Dehnert. Mit 90 Abb. 134 S. 1952 . . . . Bd. 965

Geisteswissenschaften

Philosophie / Psychologie

Religionswissenschaften

Musik / Kunst

Geschichte

Allgemeines / Vor- und Frühgeschichte / Altertum, Mittelalter und Neuzeit / Kulturgeschichte

Bd. II: Die älteren Metallkulturen. (Der Beginn der Metallbenutzung. Kupfer- und Bronzezeit in Europa, im Orient und Amerika.) 4. Aufl. Mit 67 Abb. 160 S. 1950 Bd. 565
Bd. III: Die jüngeren Metallkulturen. (Das Eisen als Kulturmetall. Hallstatt- und Latène-Kultur in Europa. Das erste Auftreten des Eisens in den anderen Weltteilen.) 4. Aufl. Mit 60 Abb. 149 S. 1950 . . . . . . Bd. 566

Vorgeschichte Europas. Von F. Behn. 7. Aufl. Mit 47 Abb. 125 S. 1949 . . . . Bd. 42

Archäologie. Von A. Rumpf. I. 136 S. 1952 . . . . . Bd. 538

Zeitrechnung der römischen Kaiserzeit, des Mittelalters und der Neuzeit. Für die Jahre 1–2000 n. Chr. Von H. Lietzmann. 2. Aufl. V A. Hofmeister. 126 S. 1952. In Vorb. Bd. 1085

Quellenkunde der deutschen Geschichte im Mittelalter. (Bis zur Mitte des 15. Jh.) I. Einl. Allgem. Teil. Die Zeit der Karolinger. Von K. Jacob. 5. Aufl. 118 S. 1949 . . . Bd. 279
II. Die Kaiserzeit (911–1250). 4. Aufl. 127 S. 1949 . Bd. 280
III. Das Spätmittelalter (v. Interregnum bis 1500). Unt. Verw. d. Nachl. v. K. Jacob. Hsg. v. F. Weden. 152 S. 1952 Bd. 284

Von den Karolingern zu den Staufern. Die altdeutsche Kaiserzeit (900–1250). Von J. Haller. 3. Aufl. Mit 4 Karten. 141 S. 1944 . . . . Bd. 1065

Deutsche Geschichte im ZA. der Reformation, der Gegenreform. u. d. 30jähr. Krieges. Von F. Hartung. 129S. 1951 Bd. 1105

Geschichte Englands. Teil I: bis 1815 Von H. Preller 3., stark umgearbeitete Aufl. Mit 2 Karten. 135 S. 1952 Bd. 375

Sprach- und Literaturwissenschaft

Indogermanisch / Germanisch

Gotisches Elementarbuch. Grammatik, Texte mit Übers. und Erl. Von H. Hempel. 2. umg. Aufl. 165 S. 1953 Bd. 72

Indogermanische Sprachwissenschaft. Von H. Krahe. 2. Auflage. 134 S. 1948 . . . . Bd. 59

Germanische Sprachwissenschaft. Bd. I: Einleitung und Lautlehre. Von H. Krahe. 2. Aufl. 127 S. 1948 . . . Bd. 238
Bd. II: Formenlehre. 2. Aufl. 140 S. 1948 . . . . . . Bd. 780

Altnordisches Elementarbuch. Schrifttum, Sprache, Texte m. Übers. u. Wörterb. V. F. Ranke. 2. Aufl. 146 S. 1949 Bd. 1115

Deutsche Sprache und Literatur

Deutsche Wortkunde. Eine kulturgeschichtliche Betrachtung des deutschen Wortschatzes. Von A. Schirmer. 3. Aufl. 109 S. 1949 . . . . Bd. 929

Deutsches Dichten und Denken von der germanischen bis zur staufischen Zeit. (Deutsche Literaturgeschichte vom 5. bis 13. Jahrh.) Von H. Naumann. 2., verbess. Aufl. 166 S. 1952 . . . . Bd. 1121

Deutsche Sprachlehre. Von W. Hofstaetter. 9., neubearb. Aufl. von G. Spree 144 S. 1952 . . . . Bd. 20

Sprechen und Sprachpflege. Von H. Feist. 2. Aufl. Mit 25 Abb. 99 S. 1952 . . . . Bd. 1122

Der Nibelunge Not. In Auswahl mit kurzem Wörterbuch. Von K. Langosch. 9., umgearbeitete Aufl. 163 S. 1952 Bd. 1

Deutsches Dichten und Denken vom Mittelalter zur Neuzeit. (1270 – 1700.) Von G. Müller. 2. Aufl. 159 S. 1949 . . Bd. 1086

Deutsches Dichten und Denken von der Aufklärung bis zum Realismus. (1700 – 1890.) Von K. Viëtor. 2. Aufl. 156 S. 1949 . . . . Bd. 1096

Englische Sprache / Romanische Sprache und Literatur

Altenglisches Elementarbuch. Einführung, Grammatik. Texte mit Übersetzung und Wörterbuch. Von M. Lehnert. 2., verbesserte und vermehrte Aufl. 176 S. 1950 . Bd. 1125

Beowulf. Eine Auswahl mit Einführung, teilweiser Übersetzung, Anmerkungen und etymologischem Wörterbuch. Von M. Lehnert. 2., verbesserte Aufl. 135 S. 1949 . Bd. 1135

Italienische Literaturgeschichte. Von K. Voßler. Unveränderter Nachdruck der 1927 erschienenen 4., durchgesehenen und verbesserten Aufl. 148 S. 1948 . . . Bd. 125

Griechisch / Lateinisch

Griechische Sprachwissenschaft. Von W. Brandenstein. In Vorbereitung . . . . Bd. 117

Geschichte der griechischen Sprache. I. Bis z. Ausg. der klass. Zeit. Von O. Hoffmann. 3., stark umg. Aufl. von A. Debrunner. 144 S. 1953. Im Druck . . . . Bd. 111

Geschichte der griechischen Literatur. I. Von den Anf. bis auf Alexander d. Gr. Von W. Nestle. 2., verb. Aufl. Neudruck. 148 S. 1950 . . . . Bd. 70

II. Von Alexander d. Gr. b. z. Ausg. d. Antike. 2., verb. Aufl. 128 S. 1945 . . . . Bd. 557

Geschichte der lateinischen Sprache. Von F. Stolz. 3., stark umgearbeitete Aufl. von A. Debrunner. 136 S. 1952 . Bd. 492

Orientalia / Russisch

Sanskrit-Grammatik. Von M. Mayrhofer. 89 S. 1952 . Bd 1158

Hebräische Grammatik. I. Band: Schrift-, Laut- und Formenlehre I. Von G. Beer. 2., völlig umgearb. Aufl. von R. Meyer. 157 S. 1952 . . . . Bd. 763/63a

Russische Grammatik. Von E. Berneker und M. Vasmer. 6., unveränderte Aufl. 155 S. 1947 . . . . Bd. 66

Erd- und Länderkunde

Kartenkunde. Von M. Eckert-Greiffendorff. Durchgesehen von W. Kleffner. 3. Aufl. Mit 63 Abb. 149 S. 1950 . Bd. 30

Australien und Ozeanien. Von H.-J. Krug. Mit 46 Skizzen. 176 S. .1952 . . . . Bd. 319

Wirtschaftswissenschaften / Gesellschaftskunde

Allgemeine Betriebswirtschaftslehre. Von K. Mellerowicz. 3 Bde. I: 142 S., II: 112 S., III: 141 S. 7. Aufl. 1952 Bd. 1008 1153, 1154

Soziologie. Geschichte und Hauptprobleme. Von L. v. Wiese. 4. Aufl. 151 S. 1950 . . . . Bd 101

FSC
www.fsc.org
MIX
Papier | Fördert
gute Waldnutzung
FSC® C083411

Kolibri 360 GmbH
Ferdinand-Jühlke-Straße 7
99095 Erfurt, Deutschland
produktsicherheit@kolibri360.de